慢得刚刚好的生活与阅读

新茶路
普洱茶王
老班章
周重林　柳星妤　等著
化学工业出版社
·北京·

图书在版编目(CIP)数据

新茶路：普洱茶王老班章 / 周重林等著. -- 北京：化学工业出版社，2020.11
ISBN 978-7-122-37643-5

I. ①新 … II. ①周 … III. ①普洱茶－茶文化－勐海县 IV.① TS971.21

中国版本图书馆CIP数据核字（2020）第163221号

责任编辑：张　曼　龚风光
责任校对：宋　夏
书籍设计：尹琳琳

出版发行：化学工业出版社
（北京市东城区青年湖南街13号　邮政编码100011）
印　　装：中煤（北京）印务有限公司
710mm × 1000mm　1/16　印张 $14^{1}/_{2}$　字数 300 千字
2021年 5 月北京 第 1 版第 1 次印刷

购书咨询：010－64518888
售后服务：010－64518899
网　　址：http:// www.cip.com.cn
凡购买本书，如有缺损质量问题，本社销售中心负责调换。

定　　价：88.00元　

自序

喝茶的人没有不知道老班章的。不知道的，都是不喝茶的人。

早些年，围绕老班章茶的故事，占据了普洱茶行业一半以上的流量。许多人跋山涉水来到老班章，就想看看这里的茶贵在哪儿。也有人千万里路来，只想尝尝正宗的老班章茶口感如何。还有人满村寨转悠，无论男女，都想“嫁”到老班章。

如果这就是老班章的全部，不免显得太过片面。三十年前的老班章，村民为了每斤茶能多卖一块钱，会多步行两小时到集市上售卖。三十年后的今天，老班章村民在急突猛进的财富积累之路中依然选择保留哈尼族火塘，自己种老品种水稻。

在这本书里，我们带着十足的好奇心，不仅写出了老班章的魔幻与神奇之处，还写出了老班章可爱的一面，为许多悬而未决的问题找到了答案。

比如，老班章的火红之谜。

为什么短短几年时间，老班章便从布朗山崛起，成为勐海茶区的代表者，继而成为云南茶区的代表者。这其中，有树种优势，有生态环境的良善，还有什么是过去我们没有注意到的呢？为了回答这个问题，我们另辟蹊径去了广州芳村，去了潮汕地区，从消费地的消费习惯以及品饮习惯反观，才发现老班章特有的苦甜茶正好迎合了某些“老广”的品饮偏好，成为了他们连续几十年投资的首选之地，是典型的“先有饮茶人后有种茶人”产品发展之路。

但需要解决的依旧是，为什么老班章会有独一无二的苦甜茶？

在植物学上，苦茶的核心产区在红河金平，但因为滋味苦涩遭到了不同程度的弃采。但在布朗山片区保留了相当数量的苦茶。老班章的居住民族是纯正的哈尼族，他们从红河两岸迁徙到澜沧江湄公河两岸，成为伴茶而居的民族。

他们来的时候，老班章的宗主村布朗族的老曼峨已经在此地种下了数量不少的苦茶。现在的老班章哈尼族的一支是从另一个盛产甜茶的著名村寨帕沙迁徙而来的，他们随后又在田地里种下了自己喜欢的甜茶。在漫长的岁月里，苦茶与甜茶相互试探、冒犯、融合，最终有机地融合在一起,再眼尖的人也分不清地里哪一棵是苦茶树，哪一棵是甜茶树，融合在一起的品种，最后形成了特有的自然拼配茶，这就是现在我们所言的“霸气”老班章茶。

这就是老班章特有的茶故事，独到的口感，先获得一小批有钱有闲人的欢心，随后在市场经济中获得了爆发。经常有人试图再造一个老班章，但往往都失败了。这又为何？因为这里可不只是有一个老班章啊。小区域环境在热带雨林西双版纳可能花个数十年时间就可以打造出来，但大区域环境却不是一时一地可以造就的。某知名人士把老班章的茶味形容成“野山神韵”。

在我们今天称为“班章五村”的区域里，出现过获得市场广泛认可的“班章大白菜”，有普洱茶第一品牌大益的核心基地，足够大的原料支撑了足够大的市场，让资本有了想象空间。

这些年，老班章修通了路，资本、资源、人能更便捷地抵达老班章。当一切都变得轻而易举，一切都唾手可得时， 面对人与自然、传统与现代的不断冲突，老班章哈尼族如何在新事物的冲击下延续古老的传统？老班章，这片普洱茶高地，又如何延续王者气质？

古老和年轻的冲突正是文明延续的精神本质，这片土地上有茶，有人，有冲突，有传承，有创新，还有对土地的敬畏和热爱。我们试图通过这本书去探寻守护与传承老班章自然生态与古老文明遗产的道路，如果能够顺利抵达，这样的老班章茶才更加值得与世人分享。

为了让消费者能快速地了解这个地方以及老班章茶，我们特意写了此书。也许你买不起一斤老班章茶，但一本书你总是买得起的，是吧？

周重林 柳星好

2021 年 3 月 20 日

目录

第一章

大茶园

001

目录

第四章

旧风俗 185

后记 212

第二章

小日子

115

第三章

老邻居

153

新茶路

普洱茶王老班章

大茶园

等一颗茶果的成熟

第一章 大茶园

老班章村与老班章茶

老班章茶为什么好

问老班章茶为什么好和问红酒拉菲为什么好一样，大家都知道它好，多数人即使从未喝过普洱茶，也知道老班章。但具体好在哪儿，谁也说不清。

老班章村在哪儿？北纬 21 度，东经 100 度。从昆明乘坐一小时飞机飞至西双版纳景洪机场，乘车经过勐混坝子，入布朗山，经过一段长得没有尽头的弹石路后忽然出现一段平稳的水泥路，这时，离老班章村就不远了。110 公里，安全行驶需要三个半小时。我们的司机小马哥常常夸耀自己只需要两个半小时便能抵达。

在老班章村村民眼中，老班章茶好的原因很模糊，在老一辈人眼中，被称为“阿卡老伯”的茶叶常因外形不好看而卖不出好价钱，日常饮用也还是把茶扔进大水壶中，放在火塘上“咕噜咕噜”一煮就是一天。20 世纪 90 年代末期开始，突然就来了山外的人开始专门高价收购老班章的茶叶，顺便还教会了他们盖碗的用法。盖碗进入寻常百姓家，让老班章茶微妙婉转的滋味得以更充分地展现出来；而外来茶商的进入则带来了精准描述这种滋味的词汇。于是村民们评价老班章茶的话语就从原来简单的“苦、甜、香”逐渐变成了由外来词语构建起来的评价系统。

“老班章茶为什么好？”“好在霸气，回甘生津强，苦和涩能很快化掉。”

我们在贡叶茶厂喝到了今年的老班章春茶，香气融在汤里，不仅鼻子闻得见兰花香，似乎舌头也能感受到宜人的香；前段是不寻常的苦，却能在短时间内转化成蜂蜜般的甜，这是单宁在舌面分解成葡萄糖的结果，也是人们常说的“回甘”；喝完之后舌面会迅速有唾液分泌，这是“生津”；吞咽下茶汤后，空气进入口腔，口腔内逐渐有一股很舒服的气团扩张开来，一路行至丹田，顿觉浑身舒畅，这便是茶气足。

从无人问津到问鼎普洱茶王，是茶的总体表现支撑了老班章茶一路高歌猛进。老班章茶好的秘密也在这其中。

比老班章甜的茶，滋味没那么厚重；比老班章滋味浓的茶，苦涩又难以化开；滋味协调的，气韵又差了那么一点儿。可以说，老班章茶是一个在各方面得分都颇高的全能型选手，其高度协调性很难有山头与之匹敌。还有一个重要的原因，是老班章茶产量巨大，足够支撑起一个庞大的产业。

好茶不怕巷子深，老班章茶火起来，像是一种必然，遥远的茶商和茶客们嗅着芬芳、循着滋味，一路翻山越岭找到了这里，想要一窥大山深处的秘密。

在老班章茶农李政明眼中，培育茶树就像养一个小孩，基因首先决定了它能长成什么样，成长环境和茶园的栽培管理对于茶树后天的健康成长也至关重要。

老班章茶树种主要有两种，一种是老曼峨种，它是老曼峨的布朗族在分地给老班章村村民前就早已种下的；另一种是帕沙种，它是老班章村的杨姓家族之一（标嚯阿谷）从北边帕沙迁徙至此地时带来的。

老曼峨种苦，较硬的叶质和墨绿的叶色显示出了树叶含有较高茶多酚。在老曼峨种上还常常会有偏红的叶片出现。

帕沙种甜，其叶质柔软肥大，颜色翠绿较浅，叶面光滑，叶背身披茸毛，摸上去很是舒服。

在中缅边界，有茶籽落下的地方基本都曾是老曼峨的领地。五百多年前，老班章先人迁徙至此，老曼峨头人便分给老班章人一些土地以供他们繁衍生息。直到 20 世纪 80 年代，老班章仍然每年都会给老曼峨送新米和礼物，以答谢当年的恩情。老曼峨有甜茶、苦茶之分，虽然老班章的老曼峨种也延续了其特色，但老班章的老曼峨甜茶种比起帕沙种仍是苦了许多，所以，老班章和老曼峨关于苦茶和甜茶说法的实际情况不太一样。

大茶园

标噶阿谷家族从格朗和迁徙至老班章时带来的帕沙种为这片土地注入了清泉般的甜蜜。在新种的茶园中，村民们更喜欢使用甜茶种的茶籽，因为叶片较大、较柔软，单芽重，做出的茶外形更好。现在，这两个树种以大约一比二的比例不规则地分布在茶园中，苦与甜自然交织，不经意间拼配出了独一无二的滋味。

茶本身好，还需天地自然滋养。老茶客们在评价一款茶好不好之前考虑的不是古树或小树，而是茶树生长地的生态环境。生态环境好的，茶叶品质一般都不会差。除生态环境外，海拔、纬度、土壤等其他环境因子共同协作影响了茶叶的品质。

老班章村海拔在班章村村委会五寨中属最高，四周植被茂密，平均 1750 米以上的海拔带来了适宜茶树生长的温度和温差。1300 ~ 1500 毫米的年降雨和平均每年 107 ~ 160 天的雾日使得茶树水汽充足，茶园中四处可见的遮阴大树，如樟树、水冬瓜树，看似粗犷无章法，却能提供漫射光让茶树积累更多的氨基酸。

老班章北面的纳达勐水库竣工于 1994 年，二者相距 17 公里。作为水源保护区，这里受到了严格的保护，4943 万立方米的总库容水库和高蒸腾率，使老班章茶树每天都沐浴在比布朗山其他区域更加湿润的环境中。空气湿度既影响土壤水分蒸发，也影响茶树蒸腾作用，这样高湿度的环境在一定程度上促使老班章茶树叶质更加柔软、内含物质累积愈加丰富。

土壤常被当作一山一味的决定性因素，比如曼松茶的滋味来自其紫土，而老班章村村民也认为无论是什么茶，只要是种在老班章土地上，就是老班章的味道。我们去到寨子外的一片茶园，发现靠路边的一小片茶地竟被铺上了与周围颜色明显不同的红壤，想来是主人想做实验，看看表面土壤改变后对滋味影响如何，答案虽尚不可得，但这样的实验精神倒是令人敬佩。不过，老班章的土壤，的确和其他地方有些不同。

首先是“厚”，土层整体厚，表面的黑土层也厚，长年累月落叶枯枝的积累使黑土层大约有 50 厘米厚，这增加了土壤腐殖质和微生物含量，促进了土壤团粒结构的形成。再是“松软”，疏松的土壤利于树根输水透气，也不会把茶根泡坏。茶园中除了常见的红壤外，还有白土间或分布，原本以为白色土壤或许没那么肥沃，不料李政明却说白色土壤上长出来的茶树也好,能长出植物就是好土。

李政明告诉我们，老班章茶的好更多在于化肥少。“不施肥、不打药”很早就写进了老班章的村规民约。在这之前，因为茶叶不值钱，村民们也不愿意再把本就不多的钱花在茶树上；也因为地处偏远，为促进茶树高产而进行大面积矮化的“星火计划”推广时，全村仅有护林员和推广员家的两片地进行了矮化。

在 2006 年前，老班章的茶园基本不管理，也很少采收，任其生长。巧合的是，这种看似“偷懒”的做法，却与近年来国际上推广的“自然农法”不谋而合。

所谓“自然农法”，是日本农学家福冈正信提出的使植物处于自然状态之中，与自然共生的农法，最终目的是还原自然的本来面目。茶园若是施肥，短时间内或许会促进产量提升，但会使具有向肥性的茶树根向上生长，必然导致树根对肥料的依赖性和茶树本身的软弱性。施肥还会导致土壤酸碱度失衡，微量元素减少。短期内或许看不出来，但长期而言势必会产生不可挽回的结果。老班章村村民小组早早就定下保护茶园的村规民约,是一种颇有远见的智慧。

这也给我们评价一块土地的好坏提供了一个新的视角，不是采取分散的、一分为二、二分为四的办法去剖析，而是把这块土地看作一个有机的生物体，在自然的指挥下，光、热、水、土壤、土壤中的微生物秩序井然地结合在一起，演奏和谐的乐章。

在多种复杂因素的相互作用下，即使在老班章，每户人家茶地种出来的茶滋味也不尽相同，有些香气更足，有些则韵感更强。再往细处，每棵树和每棵树都不一样，同一棵树的顶端和底部的茶滋味也不同，机械式的划分永无止境。而先民的智慧经过一代又一代的传递，讲的无非是同一件事——顺应自然，便能接近自然的完美表达。

大茶园

拥有天时地利人和，老班章想好，不难。难的是如何持续维护这块物华天宝之地。关于老班章生态被破坏、过度采摘的新闻近期频繁进入人们的视野，老班章能否持续发展成了很多人关心的问题。2019 年 5 月，云南省省长阮成发来到老班章调研，强调要树立可持续发展理念，遵循自然规律、经济规律。当我们 8 月来到班章村村委会时，村干部们都在焦头烂额地想要尽快颁布古茶园保护条例，谁也不忍心见到这面普洱茶大旗在自己手中倒下。

茶王树为什么这么贵

“32 万一公斤？疯了吧！”听到上海商人杨尚燃 32 万元一公斤购买老班章“茶王”“茶后”的茶，这是许多人第一时间的正常反应。所以很快这条消息就刷爆了朋友圈，老班章再次证明了自己是云南茶山“流量王”。

到了老班章“茶王”“茶后”的采摘现场，才发现今天来围观的人居然超过了 300 人！从深圳来的李先生直言，他想看看摘的是不是仙丹。更多的人，是本来就要来茶山，顺道来看看。

要挤到树底下，需要极好的穿插本领。

与我们同行的上海女孩，还肩负着拍视频的任务，几乎一直求着让道。她一到树底下，先找到买茶人，再找到卖茶人，一一合影，然后开始视频录制。

要怎么向遥远的上海人讲述这个故事?

她站在树下，字正腔圆道：“这里以前是一个贫穷落后的地方，十多年前这里的茶农还住着茅草屋，村里连一辆摩托车都没有，而今天，老班章的平均家庭收入已经翻了很多倍……”

在另一侧，另一棵树下，也有个女孩正在直播，她用夸张的表情向粉丝诉说自己的发现：“你们根本想不到，这里的茶树很大，根本就不是你们在其他地方见的那种矮趴趴的茶园茶，这是上千年的古树茶，上千年！知道不？”

现场还有穿着正装的公证人员，他们被邀请到这里，为一场采茶活动做公证。“这里是全程公证，从鲜叶采摘到做成干茶，最后压成饼，我们都要参与。这是客户特别要求的，我们也是第一次参加这样的活动。”

我问她们平常喝茶吗？女孩咯咯地笑起来说：“哪有傣族不喝茶的哟，我还做微商，卖点儿茶，只不过家里的茶是坝子茶，全部加起来还卖不到这里一棵树的钱。”

两棵树上都挂着红色条幅，树上采茶的人穿着传统的哈尼族服装，女装是裙子，露着小腿，起哄的人叫嚷：“要走光了！”

唯一在树上的男人是茶树主人杨永平，脸红扑扑的，连笑起来都有几分醉意。

树下的人说，老杨一天起码要喝七八回酒，身上从来没有闻不到酒味的时候。也有人大叫：“老杨，你一个老光棍，苦那么多钱买棺材噶？”杨永平并不生气，依旧笑嘻嘻地挂在树上。

西双版纳是许多啤酒品牌的核心销售区，这里的大人小孩男男女女都喜欢喝啤酒。现在受益于茶价飞涨，酒的销量也跟着大增。西双版纳曾经有许多啤酒厂，以前的勐海自己就有一个啤酒厂。在茶价并不理想的年代，酒确实是一种很好的商品。

我们在老班章村考察期间，遇到很多家做自烤酒的，茶山人不太爱喝勾兑酒。他们对茅台不屑一顾，喜欢喝自己酿的。事实上，我们今天来的路上，就看到路边躺着好几个喝醉酒的人。

茶与酒，加上烟，是茶农的主要生活调味剂。不喝烤茶没力气干活；不喝酒没力气生活；不抽烟没法去湿气。茶酒这里都有，上山带着一包烟随时发着，会比较有人缘。我就是一边发烟，一边听人讲老班章的故事。

老班章这棵大名鼎鼎的茶王树，并没有其他地方那些茶王树那样给人直上云霄的高度感，也没有那种独树成林的密集感，它甚至都不如身边的茶后树看起来有生机，更不如围栏外那棵树冠很大的茶树那般活力四射。但它被确定为本村茶王树后，但凡老班章造访者，都会到这里打卡。

去老班章，与茶王树合影是标准动作。

如果一定要在朋友圈发两张照片的话，那么一张是老班章寨门，另一张必然是茶王树。倘若有三张，那么第三张就是老班章村民，当然，能与村主任合影最好。

老班章是茶界话题王，茶王树是流量王。

挂条幅，邀约朋友参与见证采茶，是近年来最流行的一种采摘法，要是买到某地的“茶王”，都会大张声势地搞一次采摘仪式。

云南茶地多，茶王自然多，所以往往从春茶开始到春尾，都能看到各地茶王树开采的消息，这已经成为新的茶俗。

在历史的长河里，茶王树是茶区的一种民俗，清代阮福在《普洱茶记》中说，云南茶山有茶王，土人祭拜。“茶王”就是当地最大的茶树而已。随便一个人，到云南茶山，都会听到茶王树的传说、茶祖的传说，这正是云南茶丰富性的一面。

老班章这棵茶王树爆得大名，当然与“32 万”的现场有关，至今说茶王树，都经常会有“32 万老班章”这个前缀。有一段时间，大家真的觉得老班章火得不像话，再炒作就煳了，“灭火队”大群跑出来，可是细心的人去看舆情，发现百度指数根本连“老班章”这个词条都没有收录。

还好，有微信指数可以提供一些参考，随手查查，老班章最高峰值出现在 2017 年 3 月 2 日——242276，之后逐渐下降，最低时候只有 2 万多点儿，直到 3 月 29 日、3 月 30 日，老班章微信指数再次飙升，连续几日都在 20 万左右，愚人节这天，微信指数达到 206577。

时至今日，这个词条依旧没有被百度指数收录，这说明什么？说明茶行业的热度仅限于圈内。相比而言，龙井的指数要高很多。同一段时间，更火的是喜茶，喝一杯要排队两三个小时。

老班章那次来这么多人，还是远远出乎我的意料。昨夜勐海还风雨大作，想到去老班章的艰苦，每一次都会在路上遇到深陷泥坑的车子，走一趟要在微信运动中颠簸出两万的步数，却忽略了茶的魅力呀。

在树下，我问杨尚燃为什么会喜欢上老班章的茶。他说自己在2011年，喝到了一款在民间被称为“大白菜”的普洱茶，正是这款茶改变了他对普洱茶的看法。“这款茶入口浓厚，唇齿留香，回甘生津迅猛持久，我还从来没有喝过这么有特点的普洱茶。”7年后，当他回忆起这款茶，眉开眼笑，这款茶带给他的愉悦感可想而知。

“大白菜”的名称，来自南京国环有机产品认证中心的标志，这个标志的外形很像一棵大白菜。2000年，勐海茶厂开始用班章料制作这款茶，茶园基地就在老班章，这款茶至今还是江湖传奇。

大茶园

2000年，勐海茶厂的掌门人是阮殿蓉，那个时候虽然农药使用很普遍，但有心的茶园也开始申请有机认证。不过，认证需要好大一笔钱，万一申请未通过，花出去的钱也收不回。认证专家来看勐海茶厂布朗山茶园时，居然在路上发现了农药瓶子，摇头准备离开。这下，可把阮殿蓉吓着了。过不了关，怎么向厂里交代啊？

于是有人出了主意，在距离基地不远的地方，有一个叫老班章的地方，有三百多亩茶园，已经丢荒了30年，百分百没有农药。阮殿蓉决定带人去看看，从勐海茶厂布朗山基地下去，根本没有路，只能走，有6个小时路程。

那条路有多难走呢？据阮殿蓉说，开始有一只小狗跟着大家跑，跑了两个小时后，小狗都不愿意跟着，自己回去了。

这片茶园当然完成了有机认证。2000年的班章茶是8元一公斤，算上所有员工进去收茶做茶的成本也不超过19元。2002年，已经突破百元关。2006年，则到了400元一公斤。2007年则超过了1000元一公斤。之后两年随着市场波动有短暂的回落，曾回落至400元左右。但随后持续猛涨，终于在2017年突破了万元大关。

有机认证后的第一批老班章产品全都被广东商人买了，广东人很喜欢布朗山的普洱茶。从小喝着潮汕工夫茶长大的杨尚燃，对茶的香气和口感都比较挑剔，“浓厚”是他喝茶的一个重要要求。与普洱茶最初相遇时，他觉得这个茶并不怎么好喝，还有一股霉味。与其他茶相比，很多人第一次接触普洱茶的体验并不美好，可能是普洱茶本身多变且难以捉摸，也有可能是没遇到对的茶。

勐海茶厂在过去几十年的时间里，塑造了广东人对普洱茶的口感。“大白菜”只是一个例子，在20世纪80年代，为了迎合广东人对布朗山茶的热爱，勐海茶厂把万亩茶基地建到了布朗山。十多年前，就有追随而来的广东茶企。现在在勐海建厂的许多广东企业，都以做布朗山茶为主。

现在的老班章，已经是西双版纳最热门的景点之一，很多人来这里并不想买茶，而是想看看这里到底是什么样的。行走在富裕起来的老班章村里，你可能连一个当地人都遇不到。

老班章茶王树

老班章茶园里种的是什么树种呢

大茶园

没到老班章之前我也很好奇，老班章茶这么贵是树种的原因吗？老班章的茶树到底是什么树种呢？其实，关于老班章茶树的树种是没有确切说法的。因为这里的树种很多，分布也没有一定规律，一片茶园里往往存在多种树种，因此我们喝到的一杯老班章茶是多种茶种树的结合，而不是单一的一种，也正因如此才造就了老班章茶的不可复制。

关于老班章树种的组成，我们采访了很多人，李隆达是其中之一。李隆达是老班章村村民和森的女婿、森兰的丈夫，2007 年考上华南农业大学茶学系，2011 年毕业后，因为想到原产地看一看，所以在 2011 年年底到了勐海县，自己创业成立了勐海华农茶业，后来因茶结缘认识了妻子森兰。李隆达因茶从广西到广州，同样也是因茶从广州到云南，跨越三省，放弃广州大城市的生活跑到云南的一个小县城用心做茶，李隆达在华南农业大学茶学系算是小有名气，无论是比他大的师兄师姐还是比他小的师弟师妹，大多数都知道他，虽然很多人没见过他真人，但都知道有这样一位有情怀的校友。

去找李隆达的时候，是一个下过雨的早晨，雨后的老班章村云雾缭绕，走在道路上感觉瞬间步入仙境。老班章村是一个被茂密森林包围的寨子，无论你抬头仰望还是低头俯视，能看到的除了山还是山。虽然已经是上午 10 点了，但由于下了雨，雾气依然很重，我想“高山云雾出好茶”说的莫过于此。

去和森家的路上下起了小雨，风吹来略微有些凉意。虽是8月初，但觉得已经入秋。到和森家时，和森和李隆达都出去了，只有和森的妻子在家。看到我们过来了，她就热情地招呼我们进去烤火，看到火塘的时候想到了很小的时候家里也有过这样的火塘，冬天也会这样烤火，后来火塘逐渐被电器设备取代了，但直到现在依然觉得火塘是最方便最温暖的，在烤火的同时可以烤洋芋、烤芋头、烤粑粑等。火塘旁边睡着一只小奶猫，大概出生只有十多天刚睁眼的样子，听到我们聊天它就跑出来，摇摇晃晃地去抓我们的鞋带，很小却很机灵，也很亲人。正聊着李隆达回来了，茶学科班出身的他，身上带着茶学生的特有气息，温和儒雅。

“**老班章的茶是什么树种？**如果移栽这种树种种出来的茶是不是就和老班章是一个口味了？抑或，用其树种的茶籽种植是不是就能种出味道一样的茶叶呢？”

聊到这些话题的时候，在老班章扎根八年的李隆达依旧很谦虚，他温和地说：“其实我了解的也不是很多，在这里，以前学校学的很多东西都用不上，这边是比较原生态的，至于树种，也没有特定的树种，老班章并不只是一个品类的群体种，而是呈现多品类群体种的混生，只能用一些显性的特征来分辨，其实每一棵树都是不同的。”接着他和我们分享了他根据一些显性特征分辨的四种树种。

老曼峨变种

在老班章茶园比较常见的便是老曼峨变种。先前老班章居住着的是布朗族居民，后来迁到了现在的老曼峨。这些老曼峨苦茶变种便是布朗族在迁出老班章之前种下的茶树品种。但经过后面的多代繁衍，与真正的老曼峨种略有差异，只能说其含有老曼峨种的一部分基因。

这类树种主要分布在去往茶王地路上右边的区域，部分在茶园里穿插分布。众所周知，老曼峨茶种分苦茶和甜茶，分布在老班章的老曼峨茶种是苦甜交混的，单从茶树外观上很难分辨哪一棵是甜茶，哪一棵是苦茶。老曼峨变种属于普洱茶种的一个变种，小乔木型，树姿呈半开张，分枝稀疏，高二至六米，叶色绿，叶面隆起，叶脉 10 ~ 14 对，叶质较软。

帕沙种

除了老曼峨变种以外，帕沙种在老班章茶园里也是比较常见的，它是老班章的杨姓家族之一（标嚯阿谷）从北边帕沙迁徙至此地时带来的。和老曼峨变种一样，经过了多代的繁衍，保留了原帕沙种的部分基因，与真正的帕沙种略有差异。

帕沙种叶子比较大，叶脉 9 ~ 11 对，叶身背卷，喝起来香香甜甜的，主要分布在茶王树附近，部分穿插在茶园里。帕沙种属于有性系小乔木型大叶种，植株高大，树姿开张，主干明显分枝密。在老班章茶园里行走不过多时便可见一棵帕沙种的茶树，与其他茶树相比较而言，帕沙种的叶色比较深，叶形呈圆形或椭圆形，芽头较肥壮。

黄叶种

相对来说，黄叶种叶子偏黄、细长，芽头不会很明显，属于偏香的品种。穿插种植在茶园里，没有固定的位置。黄色茶叶的形成是由于茶树芽叶变异而导致叶绿素部分缺失，叶黄素等色素主导引起的。

多脉种

多脉种属于普洱茶的一个变种，小乔木型茶树，芽叶色泽黄绿色，发芽密度稀，叶脉 13 ~ 15 对，叶面微隆，叶身背卷，叶片很厚，由于芳香物质含量高，喝起来韵味特别深。主要分布在老班章村村口，部分在茶园里穿插分布。

除了李隆达分享的这四种树种以外，按李政明的观点来看，还

老曼峨变种

帕沙种

黄叶种

多脉种

有一种叶片比较大的茶树种，但这样的茶树在老班章已经没几棵了，而且产量也很少。和李政明去茶园的时候，他特意指给我们看，这种树种的茶树明显比其他茶树要高出很多，叶片很大并且叶尖下垂，李政明说这种树种的叶片最长可以长到30厘米左右，但因为茶树较高，产量也低，也没剩几棵树，所以很少采摘了。在这些树种中，能够有历史依据参考的便是帕沙种和老曼峨种。

谈到树种的时候，李隆达告诉我们，他曾把老班章的一些树苗移栽到勐海县城的茶社门口，喝起来就是勐海的味道，和老班章的茶是完全不同的感觉；也把老班章的茶籽带到广西老家种植，但喝起来是广西的感觉，“主要还是整个生态不同，虽然树种一样，但茶的味道不同。”老班章的海拔比较高，常年云雾缭绕，生态环境利于茶树的生长及其内含物质的积累。对于老班章的茶来说，更多是生态环境的多样性和树种的多样性造就了它的不可复制，否则，只是单一树种的话是很好抄袭的，只要移栽茶树，或者将老班章的茶籽带去培育就能复制出来。

单喝老曼峨会觉得很苦，单喝帕沙会觉得很香，由老曼峨和帕沙再加上其他树种结合而成的老班章茶的口感就更加饱满丰富、有层次感。苦，但化得很快，回甘迅速持久，香气也很丰富、很自然，综合来说各方面都比较均衡。

大茶园

纳达勐水库

老班章茶树认知

《牡丹亭》中有“不到园林，怎知春色如许”，不到茶地，又怎知茶叶万象？

与老班章茶王树合照固然重要，但茶树自身的生命力与美却不应该被这个大红人所掩盖。茶树同所有植物一样，静谧不语，不愿透露一丝关于自己的信息，但只要你肯温柔地去触摸一片叶子，去观察一棵树，或许就能发现自然的精妙之处，看到数代人的悉心养护，不经意间与美相遇。老班章村村民也是如此，只要愿意与他们坦诚交流，你就能被邀请去他们家的火塘边坐坐，喝一口最原味的老班章茶。

为了保护茶王树，茶树三米开外都被围上了木制栅栏，但这并不要紧，在拍完照之后不妨往下面的茶园走走看，茶王树之下的茶园更值得探索。虽然老班章每一片茶地都稍有不同，但如果非要选一片代表性茶园，那么无论是老班章村村民还是茶商，都会提到茶王地这一片。

在哈尼族语里，茶王地读作“米娜普萃”，意思是被火烧过的地方。作为长期迁徙的民族，哈尼族落脚老班章前有过 13 次搬迁，而“米娜普萃”曾经是他们的居所之一，一场大火之后大家纷纷迁走，但这个名字却被一直保留了下来。

茶王地值得探索，一在树种，二在树龄，三在树形。

茶树是山茶属植物。距今4000万年前，就出现了山茶属植物。相比只存在于地球上2000万年的人类，时间的流逝对茶树而言只是微风拂过树枝的摇曳。茶树的叶片首先是树木自身最重要的能量接收转换器，然后才是人类采摘收获的对象。无论是在物理、化学还是微观结构上，叶片都比我们想象的更加复杂精微，堪称造物的奇迹。

通俗地讲，茶从外观上可以区分为大叶种和小叶种，一般大叶茶以*C. assamica*为代表，常被称为阿萨姆种；小叶茶以*C. sinensis*为代表，即茶种。

茶王树这片地是非常典型的大叶种，叶片足有手掌长，比起熟知的精巧的小叶种实在显得粗犷，但大叶种茶其实着实温柔。新生的叶片颜色翠绿泛黄，柔软细滑而厚实，触感比婴儿的肌肤还要细软。大叶种茶厚度往往达到0.3 ~ 0.4毫米，小叶种则只有0.16 ~ 0.22毫米。从叶片结构上看，大叶种叶片的外侧皮肤（栅栏组织）只有一层，构成滋味的海绵组织多而松散，茶多酚、糖分、淀粉等物质都储存于海绵组织中。小叶种则拥有三层厚厚的栅栏组织，海绵组织则少而紧密。

如果不好理解，那么可以把大叶种想象成充满汁水、成熟欲裂的番茄，小叶种则是拥有厚壳的坚果。这是茶在逐渐适应干旱、低温等特殊环境后的结果，因此，大叶种大多只在云南温暖湿润的南部茶区才有分布。

叶片结构的不同也带来茶叶内含物质比例的不同，大叶种茶所含茶多酚高、氨基酸低，小叶种茶则相反，茶多酚较低而氨基酸含量高。阮福《普洱茶记》中“普洱茶名遍天下。味最酽（yàn），京师尤重之”的“酽”，意为浓、醇，从化学成分来看，就是茶多酚含量高的结果。

划分大小叶种，主要有两种方式，一是叶面积公式计算法，用叶长（cm）× 叶宽（cm）× 系数（0.7）来计算，一般而言，叶面积 > $60cm^2$ 属特大叶，40 ~ $60cm^2$ 属大叶，20 ~ $40cm^2$ 为中叶，

< $20cm^2$ 为小叶种。

另一种算法是数叶脉对数，10 对以上为特大叶，叶脉 8 ~ 10 对归为大叶，6 ~ 8 对称中叶种，少于 6 对为小叶种。

除了大小之分，还可以用手感受茶树叶面的起伏，每对叶脉间茶树叶片都会有轻微的隆起，这是在野外判断茶树的主要依据。茶树叶片大致有三种：平滑、微隆和隆起。由于叶片的隆起，叶片的表面积增大，光合作用总面积大于平滑型叶片。叶片隆起，是生长旺盛的标志，在同样大小的茶叶面通过隆起增加光合作用面积，不得不说是叶片的绝妙智慧。一片品质优良的大叶种茶叶，通常叶面光滑，隆起明显，叶片柔韧，背面着生茸毛。

也是因为阿萨姆种，茶树才能长成树。在哈尼语中，“茶”被读作“阿卡老伯”，虽然有生拉硬拽的嫌疑，但把茶称作“老伯”，在汉族人看来也合情合理，毕竟在老班章周围的多数茶树，年龄都比老伯伯还大上几百岁。和茶王树同龄的茶树，在茶王地遗存下来的不少，比茶王树更加粗壮的也为数甚多。

对于了解茶树树龄，到目前为止也没有准确无误的方法。一般在成长期的小树，可以采取砍倒数年轮或是生长锥取样，但对珍贵茶树，则不能在树上钻洞。对于死去的树木倒是可以采用放射性同位素的方法，但误差较大。此外，一旦过了青壮年期，数年轮就不再有效。进入壮年期后，树径和年轮均为零增长。对于茶树而言，古茶树不一定都是大茶树，大茶树也不一定全是古茶树。大茶树对应的是树的形状，而古茶树重点在于树龄。当茶树树龄达到 100 年时，会被称为“古茶树”。更何况，人在与茶树相伴的岁月中，为了促进茶叶生发，方便采摘，会不断地对茶树进行修枝、矮化，甚至是从树根部拦腰砍断，直接改变茶树的树形与生长方向。别看一些茶树主干在地面上只有手腕粗细，再往下深刨才会露出其令人惊叹的真正主干和根系。

在许多村民的祖辈记忆里，茶树好像一直都是这个模样，不曾有太大变化。专家们对于茶树年龄的推断，只能结合生态学类推、历史考证等综合推算。推算的参照物，主要以南糯山 800 年茶王树为基础。

村里的老人们有一种判断茶树年龄是否足够大的方法：看树枝上的结块——结块越多，树龄越大。道光《普洱府志》中有同样的记载："土人以茶果种之，数年，新株长成，叶极茂密，老树则叶稀多瘤，如云雾状，大者，制为瓶，甚古雅；细者，如栲栳，可为杖。""瘤"，便是结块，是枝条在生长过程中由于营养堵塞而产生的。在经年累月中，茶树树枝不断发育生长，围绕主干盘旋伸展，有些树冠直径可达三米，的确如绿云笼罩，不到茶树下无法想象。

古茶树能存在如此之久，与先天的基因优势和良好的自然环境有关。在许多地方茶园都以无性繁殖方式栽培茶树时，云南仍采用茶果挖土栽培，有性繁殖保证了每一棵茶树都拥有不同的性状，在病虫害面前也有更强的抵抗力。人们在埋下茶果和后期栽培时，也会为茶树生长留下足够的空间。

在茶林里行走，枯叶腐败成肥沃养分，脚下这条小径走着走着或许就恍惚走到了百年前。茶树姿态在百年间未曾有巨大变化，这不仅是自然的馈赠，更是时间留下的智慧。在不同地区，茶树的形态有时会有较为明显的不同。如同易武张家湾的藤条茶树，枝条细长柔嫩光滑，只留顶部少数枝叶，是采摘时丢掉老叶的一种管理手法。茶王地这一片茶树，或粗或细，大致都从一米五至两米处开始分杈，比起老班章的茶王树和茶后树，有更加明显的主干和分枝，这种树形在老班章更为普遍，属于另一种种植管理模式。

在自然状态下，茶树会经历幼年主轴分枝和合轴分枝两种分枝方式。主轴分枝是植物顶端一直不断向上形成明显主干；合轴分枝指主轴上生发出侧枝，再由侧枝长出三级侧枝的分枝习性。如果不对茶树进行任何干预，茶树就会一直不断往上形成热带雨林里的望天树模样。为了增加树冠幅度，也为了方便采摘，先人们在茶树长到一定高度时会砍去过高的主干，让茶树横向生长。这个过程持续不断，在砍伐与修复间，茶树的形态不经意间被塑造出来。直到今天，你也能从茶树的形态中观察到往日修整的痕迹。如果有树枝生长方向骤然被改变，那就是主人不希望茶树再继续向上扩张；若是横向侧枝上突然多了许多向上生长的小侧枝，或许是主人偷懒忘记了修剪。

农事的智慧被茶树以树形的方式记录下来，后来者只能从这些树的形态里去猜测、想象原初的风景。时间的淘洗，无数茶农耕耘，在无数棵茶树上留下了温度，造就了连绵不绝的茶林。触摸着茶树树干，更像是触摸一种时代传承，无声而壮大。而我们的抚摸与触碰，是这漫长路上的微热一度。

老班章茶王树鲜叶

老班章茶园管理

有茶的地方就有茶树，茶树长在一起就构成了一片茶园，无论新种的台地茶园，还是原有的古树形成的森林式茶园，他们都有自己的生态系统，在自然环境调节下长成一棵棵古茶树。

对于老班章来说，茶园不仅仅是茶园，更是祖先留给他们的财富。提到“老班章”，很多人都不陌生，即使是不喝茶的人，听到这三个字时，脑海中也都会浮现出一个“贵”字。那么，在这个“贵”的驱动下，这些年来老班章茶园是否有不同于以往的改变呢？老班章茶园究竟是什么样的呢？

长在斜坡上的古茶树

茶是很聪明的植物，它们会选择适合的土壤，选择适合的生态环境，它们甚至会选择一个有利于生长的位置——斜坡。这也是茶树的聪明之处，茶树大多生长在温和多雨的气候环境下。水对于茶树来说是必不可少的，但茶树又喜湿怕涝，在平地上，一场大雨过后，留在大地上的雨水不可能立刻流走，长时间的浸泡会导致茶树根部腐烂；而在斜坡上，水会顺着坡度向下流走，需要水分的茶树根部会将其自然吸收，储存起来；多余的则会流走，所以斜坡既满足了茶树的水分需求，又有排水优势，自然变成了茶树聚集的首选地。老班章地处高海拔地区，年均降雨量达1341～1540毫米，在这样的降雨量下，茶树自然也很聪明地向着斜坡生长。

独特的除草方式

有树木的地方就会有杂草生长，对于老班章茶园来说，草也是构成生态系统的一部分。随着时间推移，茶园已经不是茶园，更像是一个完整的生态系统。虽说杂草是茶园的一部分，但杂草在生长过程中也需要养分，这对于茶树来说可不是一件好事。早些年，茶叶卖不上价时，不除草很容易理解，但在高价驱动下，说不除草似乎是没人会信的。

在老班章村里，每个茶农管理茶园的方式都不一样，这意味着他们除草的方式也不同。李政明的方式是最为独特的——他将杂草铲了埋在茶树附近作为肥料，同时也将落叶一起埋到旁边，但他的“埋”不是简单的埋，李政明说：“在埋的时候还要看茶树生长的位置，如果是有坡度的位置就要顺着坡度埋，没坡度的平地就要直接埋在茶树附近。”落叶和杂草是茶树最好的肥料。

一年除草两次是必需的。一旦草长高了就会招来虫子，而且很多虫子是草自身带来的。“草长到超过50厘米就要开始除了，最多不能超过70厘米，否则不仅会影响到茶树，而且采用人工除草，草太高了处理起来也很麻烦。”李政明说。

当然，除了李政明的这种除草方式外，寨子里的其他茶农也有自己除草的方式，其中就有采用除草机除草的。用除草机除草的茶园很容易就能分辨出来：除草机除过草的地方，地面是整齐的，而且如果仔细观察还可以发现部分茶树被除草机刮伤了。被伤到的茶树虽然能够自愈，但不利于后期生长，且产量不高。在老班章茶园里，也不乏不除草的茶园，因为在茶园的主人看来，草也是茶园的一部分，他们认为，一直以来茶树都是这样生长着的，没必要刻意地去人工干预。在茶园里，我们可以很明显地看到，没有除过草的茶树长得相对矮一些，茂盛度也不及除过草的茶树。

茶园套种果树

有树木的地方就会有套种，在农业上，套种从来都不是新奇事物。人工套种是根据经济配种进行的套种，在老班章古茶园里，套种这种行为就更加凸显出茶树的喜好。

老班章茶园里生长的非茶树几乎都是野生的，极少有人工种植的。茶园里看到最多的便是杨梅树和多依树，茶树喜欢酸性土壤，而杨梅和多依都是酸味食物，它们能在茶园里成长，这便说明茶树是喜欢它们的。当然，从专业的茶学角度来说，茶树的生态因子（生长环境）很重要，这些植物的存在也为生态环境的多样性提供了保障。

茶园套种不仅可以提高茶园生物的多样性，也可以改良茶园土壤，果树可以吸收深层土壤的养分，然后再通过落叶回归到地表，落叶腐烂后又可以补充土壤有机质含量，达到疏松改良茶园土壤的效果。

草木灰杀虫法

一个完整的生态系统里，害虫是无法避免的，老班章茶园也一样。但好在老班章茶园所处的最低海拔为1600米，冬天和雨季都比较寒冷，所以害虫不会很多。

以前，老班章茶园比较常见的虫子是钻心虫（茶钻心虫，是一种蛀食茶树茎部、枝干和根部的害虫，一般为鳞翅目和鞘翅目的幼虫）。这是一种聪明的虫子，它们一般躲在茶树根部底端的位置，如果躲在上面就会被鸟看到，有被吃的风险。茶农告诉我们，以前长钻心虫了，就只能用注射器往茶树根部注射草木灰（将稻谷的秆烧成灰再放入水）杀虫，这种做法既能杀死虫子，又不会影响茶叶；现在，老班章茶园里很少有虫子了，茶叶价格起来了，大家也都比较重视茶园的管理。除此之外，为了防治害虫，老班章茶园里还安装了很多杀虫灯。

每年都会检测土壤是否施肥

对于价格居高不下的老班章茶来说，施肥很大程度上是可以提高产量的，但在老班章村，这种做法是不可行的。李政明说：“每年茶叶研究所都会派人到老班章茶园进行土壤检测，所以，没人敢施肥。之前，茶叶不值钱，大家都不管理，茶园更谈不上施肥了；现在，不仅相关部门会来村里做检测，而且村规民约里也规定了不允许村民在茶园里施肥、打农药。”

当然，施肥警告更多针对的是小茶树，所产茶叶价更高的古茶树、大茶树基本上都是从源头就不会进行人工干预的。“这类茶树我们几乎不干预，只有到了采茶季才会进茶园。”李政明说。

茶籽育种

八月初，正值初秋，是树木结果的时节，老班章茶园里的茶树上也结满了茶籽。因为老班章茶园里的树种不同，茶树的大小不一，导致茶籽的大小也不一样。大的茶籽直径三厘米左右，小的直径不到两厘米。

去老班章村的路上，小马哥说东莞有人来勐海收茶籽，25 元一公斤。而对于老班章人来说，茶籽可不是用来卖的，它有着更大的作用——育种。即便不用来育种，茶籽也不会在茶树上待太久。一方面，茶籽成长需要养分，它会与茶叶争夺养分，所以茶籽多的茶树，鲜叶往往都不多；另一方面，茶籽会自己掉落，一些掉落的茶籽在适宜条件下会长成茶苗，生长太密集也会影响到原生茶树。

茶园里的蜘蛛网

有草的地方总少不了虫子，有虫子又有树的地方则是蜘蛛最喜欢的地方，茶园便是这样的一个存在。茶园里最多的就是蜘蛛网，但在吃方面，蜘蛛可不喜欢吃略带苦味的茶树，它喜欢的是茶园里更美味的害虫。一张巴掌大的蜘蛛网上，你能发现数十只虫子留下的痕迹。

全靠降雨灌溉

云南是一个经常会出现干旱天气的省份，我们常听到由于降雨不足，春茶发芽晚，茶叶产量低。现在很多产区的茶园都已经采用人工灌溉的方式为茶树补充水分。虽然这是一个稳定茶叶产量的好方法，但对于老班章茶来说却很难实现。老班章茶园所处位置较高，并且茶树大多生长在陡峭的山坡上，想要引水渠灌溉并不容易。因此，老班章茶树只能依赖降雨补水，也就是我们常说的“靠天吃饭”。

老班章茶园人工除草，人工除虫，灌溉靠降雨，除了部分除草机就没有其他工业化设备的介入，自已育种种植，靠着世代相传的种植技术繁育着一代又一代的茶树……这俨然是传统的农业经济模式，但这大概也是老班章茶受消费者追捧的原因之一。它还原了茶叶最原始的生态面貌。

用一年半的时间，等一颗茶果的成熟

在老班章茶园中，我们的焦点往往会落到茶叶和茶树上，我们会观察茶树的大小、高度，会比较茶叶叶片大小和叶脉对数，但相较于茶叶，茶花和茶果往往会被大家忽视，然而，这些被忽视的部分却是最重要的。

茶树开花结果是实现自然繁殖后代的生殖生长过程。在这个生殖生长过程中，茶树有着很多不同于其他植物的奇特现象。

茶，影响着世界的植物，从一颗小小的茶果开始汲取着土壤中的养分，慢慢地积累长成参天大树。茶树的一生要经历多次开花结果,生育正常的有性繁殖茶树通常是从第三年至第五年就开花结果，直到植株死亡。茶树也有生老病死，也会老去死去，但它们会留下茶果孕育后代，延续着优良的基因。

茶树的开花结果和树种、环境条件的影响有很大关系，有性系树种可以通过开花结果繁殖下一代，而一些无性系品种，如政和大白茶、福建水仙、佛手等，只开花不结果，或者结实率极低，它们需要通过无性繁殖繁衍后代。老班章的茶树大多属于有性系树种，它们通过开花结果繁育下一代，从而保障了其滋味的丰富及稳定。

盛开在秋季的茶花

与很多植物不同的是，茶树的花期

很长，花芽从 6 月开始分化，之后的每个月都能不断分化，可以一直持续到 11 月甚至次年春季，花期将近半年。不过，一般夏季和初秋形成的花蕾，开花率和结果率较高，而后期分化的花芽，开花率、结果率都很低，茶树从花芽的分化到开花，需要 100 ~ 110 天，我国大部分茶区茶树的开花期是从 9 月中下旬开始，9 月到 10 月中旬为始花期，10 月中旬到 11 月中旬为盛花期，11 月中旬到 12 月为终花期。因此，我们在秋季和冬季都可以看到盛开的茶花，而秋季最为繁盛。

在不同的环境条件下，茶树的开花期会略有差异，若当年冷空气来临早，开花期也会提早。除此之外，不同品种的茶树的开花期也存在差异，例如：紫芽种的始花期为 9 月初，终花期为 12 月中旬；云南大叶种的始花期为 10 月中旬，终花期则为次年 2 月中旬。在老班章茶园里，在 10 月便可以看到繁盛的茶花。

一般茶花开花的平均温度为 16 ~ 25℃，最适温度为 18 ~ 20℃，相对湿度为 60% ~ 70%，如果气温降到 −2℃，花蕾将不能开放。值得一提的是，花蕾的开放也是一件很有意思的事情，花蕾的开放率随着一天中时间的变化而变化，每天开花时间从早晨 6 ~ 7 时开始增多，11 ~ 13 时是开花高峰期，午后逐渐减少。

异花授粉的“完美之花”

茶花被植物学家誉为“完美之花”，一朵茶花上既有雌蕊又有雄蕊，但茶花通常排斥自体花粉，只接受其他的花粉，从而形成了品种的多样性。造成这种情况的原因一方面是茶树自然的选择，另一方面是因为一般茶花雌蕊的柱头比雄蕊高，自花授粉困难，且自花授粉不育。

花瓣开放后，雄蕊暴露于空气中，这时由于花药膜内壁细胞失水，花药破裂，花粉粒散出，同时柱头湿润，蜜腺也分泌蜜汁，芬芳的花朵诱来许多昆虫，其中蜜蜂最多。借助昆虫的传播将花粉粒带到其他花朵的柱头上进行异花授粉，昆虫最活跃的时候是在盛花期，到终花期的时候天气已经较寒冷，昆虫活动不活跃，因此这个时候的授粉率很低。

在下雨或空气潮湿的情况下，昆虫的飞翔活动会受到影响。老班章村海拔较高，秋季早间雾气较重，上午11:00左右雾气才会渐渐散去，早间气温也相对较低，茶园也会相对湿润。10月以后气温降低，昆虫活动减少，花粉传播受到限制，老班章大部分属于云南大叶种，盛花期往往是在10月之后，因此，茶花授粉率极低，这也是导致老班章茶树花多而结实率低的原因之一。

除了昆虫授粉之外，茶树还可以进行风力授粉，但风力授粉的阻力往往更大。一般茶花花粉粒直径有45微米，重而大，潮湿而微带黏性，在一般天气，它从花药上落下来以后撒到叶片、枝条和地面上，遇到下雨时易从植株上落到土壤上，很少在空气中飞扬。只有在干燥有风的气候条件下，才能有风力授粉的可能。

花果同枝，带子怀胎

茶树从发芽到茶果成熟约需一年半时间。每年的6至12月，当年的茶花孕蕾开花和授粉，上一年受精的茶果也发育形成种子并成熟。两年的花、果同时发育生长，花果同枝，这是茶树生物学特征之一。

9至10月，茶花进入盛花期，昆虫携带着的花粉粒落在含有各种糖类和酶类的柱头上，花粉粒由柱头吸水，在2～3小时内发芽，发育成花粉管。花粉管发育伸长时，沿着花柱内腔向下生长至子房直至胚珠，然后经珠孔进入胚囊完成受精后发育成胚乳，萼片层层把受精的子房包裹起来，渐渐成为果皮。

到翌年4至5月，原胚继续发育，形成一个完整的具有子叶、胚芽、胚茎、胚根的胚。6至7月，果实继续生长，这时果皮组织已趋稳定，果皮硬度增加。在外观上，果皮颜色也实现了由淡绿向深绿、黄绿、红褐色的转变。这时，新的花芽也开始分化，新的花蕾逐渐形成。

8至9月，外种皮变为黄褐色，种子含水量为70%左右，脂肪含量为25%左右，此时的茶果已进入黄熟期。同时，也进入茶花盛开的时期，这时便可以看到花果同枝的现象。到10月时，茶果外种皮变为黑褐色，子叶饱满，种子含水量为40% ~ 60%，果皮呈棕色或紫褐色，这时茶果已成熟可以采摘，如不采摘，茶果将会自然脱落。

茶果与茶树之间的较量

茶果从萌发到成熟将消耗大量养分，此时的茶果与茶鲜叶处于竞争的状态。每年6月，新的茶花的花芽开始分化，上一年的茶籽果实稳定生长，同时茶鲜叶也在吸收着养分为秋茶的采摘做准备，这时候茶花、茶果、鲜叶都需要大量的养分，所以为了保障茶鲜叶的发芽生长，老班章的茶农们往往会在这时候采摘茶果、茶花并扔掉。

8月初，老班章的茶果已经临近成熟期，但茶果并不是随处可见，很多茶果都在春茶之后被采摘了。一些有茶果的茶树叶片较小，因为茶果带走了大量养分。如果在这一场养分争夺的战争中没有人工干预，那么茶果往往会胜出，一旦有人工介入，那么茶果只能是默然离场，将养分留给鲜叶。老班章的茶叶价格居高不下，在茶叶和茶果之间，选择谁当然是显而易见的。

从6月的花芽分化到次年10月的茶果成熟采摘需要近一年半的时间，而在这一年半当中，从茶花的授粉到茶果的成熟都会遇到很多阻力——从初春的干旱缺水到冬季的寒冷，在抵御了这一系列的困难之后，才能看到成熟的茶果。然而在成长的过程中，茶果常常会面临被采摘扔掉的危险。

茶果萌发绝非易事

在纪录片《影响世界的中国植物》中，我们看到茶果从茶树上掉落下来顺着水流到了不同的地方，并长成新的茶树。然而，这只是理想中的状态，在实际中，茶果的萌发往往受到许多因素的限制。

茶果的萌发需要满足三个基本条件——水分、温度和氧气，三者缺一不可。如果播种后其中一个条件不能得到满足，就会出现萌发延迟甚至茶果霉烂的现象。

茶果萌发首先需要足够的水分，因为茶果外种皮厚，子叶要吸水膨胀后才能裂开，同时茶果内储藏物质的水解也需要水分，如果含水量低，生物化学变化和生理变化将难以进行；如果含水量过高，胚浸泡在水中将得不到充足的氧气，容易使种子霉烂。处于发芽阶段的种子，含水量应为 50% ~ 60%，而土壤含水量应达到土壤饱和含水量的60% ~ 70%以上,才能满足茶籽的萌发。

温度也是茶果萌发的必要条件之一，温度太低茶籽内的酶促活力低，而温度过高则酶蛋白会遭到破坏，从而酶促反应会降低。发芽的最适温度通常为 25 ~ 28℃。茶果萌发还是一个有氧呼吸的过程，充足的氧气可以促进茶籽的萌发和生长活动。

只有以上三个条件都具备了，茶果才会长出新芽，从而长成可以供人们采摘的茶树。从茶果再次回到茶树，茶树的一生神奇且漫长。

从花芽的分化到茶花盛开需要近四个月的时间，从茶花的开放到茶果的成熟需要近一年的时间，如果说茶的制作（从鲜叶采摘到毛茶初制）是一个很漫长的过程，那么茶果的生长则更加漫长艰辛。茶果的形成需要静下心来慢慢等待，茶叶的制成同样也需要慢慢等待，一杯好茶也绝非立刻便能泡好品饮，所以喝茶人常说的“茶需慢品才能品出其真味”，也是可以从茶的生长规律上得以印证的。初次喝茶的人都觉得老班章茶太霸气了，茶汤入喉四溢的都是茶的浓烈之感，但随着喝的茶增多，会发现它的霸气之下隐藏的是茶的柔和。只有慢慢喝，才能更懂老班章茶，毕竟数百年的积累不是一口便能喝出来的。

茶果

老班章普洱茶制作工艺

聊起普洱茶生茶，人们聊山头、聊树龄，鲜少提及工艺。是的，对于普洱茶而言，好的原料才是最终决定因素。但另一方面，在普洱茶刚开始发展的时候，工艺也是人们避之不谈的话题。哪有什么工艺可言？就是在平日炒菜的大平锅里用锅铲略微翻炒，也不多过问火候，各家有各家的标准，眼见着茶叶差不多全软了，便把炒过的茶倒在竹篾上，经日光晒干即成，遇上下雨，便在火塘上烘干。可这样做出来的茶不好看，还有一股油烟味或烟熏味，放在如今是决然卖不出去的。随着外来茶商、茶科所的进入和网络的推广，茶农们的制茶技术逐渐标准化、精细化，家家户户都专门修了杀青锅在门外。茶农之间也开始交流制茶技术，谁家茶做出来好看，谁家茶做出来香一些，制茶的标准逐渐在茶农们心中建立。现在茶农会根据茶商的要求调整炒茶手法。多数茶商更喜欢炒得过一些的茶，这样新茶也会有高扬的香气。但茶农自己还是喜欢“从前的”味道，放两三个月，茶的味酽才渐渐显露。

在老班章村，去每户人家家里喝茶，味道都会有不同，这种滋味的差异不仅来自茶树本身，也来自制作工艺中各项细节微妙的差异。普洱生茶毛茶的制作大致流程如下：鲜叶采摘、摊晾、杀青、揉捻、日光干燥，而匠心，就隐藏在其中。

采摘

采鲜叶是有讲究的。茶叶是一种可多季节、重复采收的植物，如何采，采多还是采少，对茶树的生长和毛茶的滋味都会带来影响。在《茶经》里，陆羽就对采摘有过详细记载："茶之芽者，发于丛薄之上，有三枝、四枝、五枝者，选其中枝颖拔者采焉。"也就是说，采茶需要采树冠上萌发出的丛生枝条，同时也需要采"颖拔者"（即芽叶肥壮的）为好。鲜叶的老嫩也有讲究，太嫩，如小叶种般只采芽头，则滋味淡薄，以鲜爽味为主；太老，一芽四叶甚至以上，除了梗多影响美观外，滋味以淡淡的甜味为主。《大观茶论》中宋徽宗对采茶嫩度的规定依然适用于目前所有茶类："采茶不必太细，细则芽初萌而味欠足。""不必太青，青则茶已老而味欠嫩。"普洱茶的最佳采摘标准，以幼嫩的一芽二叶为主，兼采同等嫩度的对夹叶和单片叶。这样嫩度的鲜叶，不细也不青，既有足够的浓度，也有鲜爽度。

不同季节的茶，滋味也不一样：春茶养分累积充分，鲜爽味能唤醒一个冬季的倦意；夏茶时节雨水多，茶芽长得飞快，滋味偏淡；秋茶则比夏茶滋味浓一些，甜意明显。

采摘古树茶是个手艺活，也是体力活。不能掐或拧，而是要用食指和拇指轻轻放在茶梗上，稍往上或旁边一提，嫩芽便顺势"啪"的一声与茶树分离。只要稍微留心，常能发现一些古茶树下面倚着一根木头，这是为了方便人们上树而特地放置的。古树茶是需要爬上树才能采到的茶，采茶能手往往是那些嘴里叼着烟斗的老奶奶，她们脚踩在树枝上来回游走，比在地上行走还平稳灵活，采完一丛，脚一蹬，身体一转，又开始采另一丛，采累了，便找树上一处舒适处坐下歇息，气定神闲，留树下观者胆战心惊。

摊晾

茶叶离开茶树后，呼吸作用还一直在持续。采下的鲜叶从茶园到初制所时间不宜过长，需要一直保持空气流通才不至于引发茶叶的无氧呼吸，导致鲜叶发红变质。到了初制所，要迅速把鲜叶倒入“萎凋槽”中。摊晾和萎凋，名字不同，其实是对茶鲜叶失水这个过程中不同阶段的称呼：摊晾是轻度失水，萎凋是失水至变性。摊晾的主要目的是使鲜叶丧失部分水分变柔软，便于揉捻。如果不经摊晾直接揉捻，叶片就很容易出现脆断。如果摊晾不足，失水率低，就会导致茶叶苦涩度重，汤感粗糙。但如果失水过重，又会造成前置发酵，影响汤感。

萎凋工艺主要运用于发酵茶中，普洱茶摊晾时间过长或温度过高，没有及时通风透气就容易萎凋。除了使鲜叶丧失水分、变得柔软外，萎凋更重要的是诱发多酚氧化酶发生酶促氧化作用，使内质成分发生变性，红茶中的蜜香、乌龙茶中的岩骨花香，便是经过酶促氧化以后的结果。

一般情况下，春茶在杀青前会有一个小时左右的摊晾时间，随着水分逐渐流失，鲜叶含水量降至 60% ~ 70%。当油亮光滑的鲜叶颜色减暗，叶质柔软有韧劲并散发出宜人的青草气息时，茶就可以入锅了。

杀青

可以说，制茶人对普洱茶的全部理解都包含在杀青这个环节里了。杀青，即通过高温阻止或破坏茶叶中的多酚氧化物活性，防止茶叶过度氧化变红。同时，高温挥发了带有青草气的低沸点香气物质，使清香味溢出，继续散失水分，使叶质柔软便于揉捻。杀青也是制茶环节中最重要的一个环节，温度高低、手法轻重缓急，都会对茶的品质及后期表现造成一定影响。

老班章每家茶都好喝，但每家又不尽相同，我在老班章村里喝到过一款令人难以忘怀的茶，入口鲜活细腻，花香四溢，类似易武的肉感盖住了布朗的铁骨铮铮，没了人们说的苦底与霸气，同行人纷纷赞不绝口，说那是最好喝的茶。问主人家炒制过程中有什么秘密招式，主人思考半天，吞吐出几字：看茶制茶。

“看茶制茶”，简短的四个字包含了无限的想象空间。和中式餐饮中的放盐“少许”一样，鲜叶投多少，锅温、叶温多少，杀青杀到什么程度，炒制手法，时间如何掌控，每个人心中都有一本无字心经。炒茶师傅告诉我们，经验是最好的老师，只要杀青杀透、不焦煳，这样的茶便好喝。

虽然许多地方已经开始普及滚筒杀青锅，但老班章的村民炒春茶时依旧坚持用铁锅手炒，仿佛一种仪式，也似乎是一种信念——春茶，必须手工炒才好喝。

无论是用锅炒杀青还是用滚筒杀青，区别在于鲜叶受热方式不同。铁锅口开敞，杀青叶散发出的蒸汽很快散发，主要以金属导热为主。滚筒杀青机敞口小，水蒸气难以快速散发，除了金属导热外，还有蒸汽带来的湿热作用，因此容易产生水闷味。

如果说龙井拼的是掌上功夫，普洱茶则是耐心与体力的终极考验。先将准备好的柴火点燃，把锅烧热，待手掌离锅 15 厘米感受到灼热感时，便可开始正式杀青。一口锅往往要投入四五公斤鲜叶，鲜叶触碰到烧热的铁锅，立即扬起一阵水雾。根据茶叶的变化，不同阶段有不同手法杀青，一开始，以均匀受热为主，可以稍微缓慢地用手捧起鲜叶并撒开。三至五分钟后进行高温闷杀，目的是快速阻止和破坏酶活性，这时为了保证有足够高的叶温，懂行的师傅会多做一些“闷”的动作，将体积变小的鲜叶堆叠成一块，持续五秒左右，既有高温，又避免焦叶。最后一个阶段，意在扬香气、除水汽，以抖、透手法为主，捧起一团鲜叶，顺势举起，在空中如天女散花般抖散，一根根芽叶在抛物线中分离，又利索落下。这个阶段动作力求迅捷，这样才能让茶叶扬起高香又不至于加温过度而出现焦叶。三个阶段之间没有明显区分，一切微妙变化全靠师傅的经验和眼力，再根据扬起的香气来判断杀青是否恰到好处。

杀青需要使鲜叶含水量下降 60% ~ 70%，根据“嫩叶老杀，老叶嫩杀”的理论，嫩叶含水量高，“老杀”便要锅温高一些，抖散水汽时间延长；老叶含水量较低，适当降低锅温以温柔对待。

一锅茶炒下来，通常要 20 ~ 25 分钟，鲜叶在这期间要被抛起数百次，每次至少也有两公斤，站在高温的炒锅前，不出两分钟就会大汗淋漓。炒茶师傅常常打着赤膊上场，因为即便穿着衣服，杀完一锅茶后衣服也被全部浸湿。炒得差不多时，顺着锅边弧度一扬，便把全部茶叶抱起，放到一旁的竹篾里，等待揉捻。一锅结束，另一锅又马不停蹄地开始，最多的时候，一个师傅一天可以炒 20 ~ 25 锅茶。

杀青的柴火烧个不停，在火与烟雾间，炒茶师傅古铜色的皮肤泛着亮光，锅中噼里啪啦噼里啪啦，茶，得一直炒到天亮。

揉捻

杀青结束后的茶叶，经过一段时间的摊晾，便要开始在竹篾上完成一轮刚与柔的修行。揉捻的动作和太极有相似之处，通过手掌的揉、捻、压等手法对茶施加压力，轻重有序，缓急交替，在行云流水的变化间使茶叶产生褶皱,褶皱继而沿着主脉开始卷曲，最后逐渐完成茶叶外形的塑造。

揉捻目的有三：一是完成茶叶造型；二是破坏叶肉细胞，使茶汁流出附着于芽叶表面，从而在冲泡时易于出汤；三是使内含物溢出，发生部分氧化反应。揉捻的程度，带来茶叶色泽的乌润与否的区别，也带来滋味的浓淡差异。

市面上贩售的茶，有“泡条”“紧条”之分。泡条是基本不揉或揉得很轻的茶，因此茶的细胞壁没破损，茶汤出汤慢，茶叶中的成分很难释放。而重揉的“紧条”，香气更好，前段出汤滋味释放快、浓强，后段弱，很容易出水味。不同揉捻程度对于茶叶后期转化效果的影响，只能靠时间去检验。

陆羽看茶，似乎是通过一台显微镜在看。《茶经》中描写茶叶褶皱的视角最为精妙，他没有隔着远远地拿着一片叶子在观察，而是把自己变得无限渺小，在一片茶叶的褶皱间游览胜景：“茶有千万状，卤莽而言，如胡人靴者，蹙缩然，犎牛臆者，廉襜然，浮云出山者，轮囷然，轻飚拂水者，涵澹然。有如陶家之子罗，膏土以水澄泚之。又如新治地者，遇暴雨流潦之所经，此皆茶之精腴。”

柔软的褶皱在茶圣的想象里高耸为山峰，劈削为幽谷，茶汁较少处为“浮云”、为“轻飚拂水”，揉捻重者为“犎牛臆”、为“暴雨流潦之所经”，何须再看山水，原来茶里便有千岩万壑。

干燥

普洱茶初制的最后一个步骤是日光干燥，方式为“晒青”。仰仗于云南热烈的阳光，揉捻好的茶叶铺在竹篾席上晒足六七个小时就能干透。除了散失多余水分和定型，干燥还能促进茶中内含物质发生热化反应，提高茶叶香气，对于茶叶品质而言，干燥是画龙点睛之笔。

日光干燥虽不能如人工低温长烘那般给茶带来复杂的板栗香，但因为日光干燥温度较低，许多活性物质得以保留，也为普洱茶的后期转化留下了一个无限的省略号。刚晒好的茶会有一点儿日晒味，不管是过去还是现在，人们的经验都是刚做好的茶需要放一段时间，“发发汗”，等到茶叶里的内含物质稳定后，茶才到了真正的适饮阶段：浅黄茶汤中云南大山大河般的洪荒之味被释放出来，摄魂夺魄；杯底又暗藏花香鸟语的婉转，沁人心脾。龙井若是江南雅致的山水小景，老班章则是千里江山的大图景。

在中国茶普遍以精致为上的审美体系里，云南的野，带着不羁和潇洒，让人有些难以适从。不过，只要摸清背后的门道，一定就会发现这粗野背后的独到步法。

茶水分离与一山一味

据不完全统计，单从至少有两百种不同滋味。

云南普洱茶不仅有一山一味、百山百味，同一座山阴阳面所产的茶也会有不同滋味，甚至还有单株古树的产品出现。

广东与云南，单丛与普洱茶，2000 公里的距离，却同时衍生出了一种茶类下的千百种滋味，让人迷失其中，流连忘返。当人们试图去解析背后的原因时，以有性系树种与地理环境多样性两种因子的影响结果为答案。凤凰与滇南的茶区都因为纵深的地形，使每块山坳间形成半封闭状态，物种不断进行着独自演化。除此以外，影响茶树生长的土壤、海拔、气温、降水、日照等因素，也存在不同变化，因此造就了每个地区生产的茶叶在香气、滋味、口感等方面的表现都有较大区别。但，这真的是答案的全部吗？

大茶园

普洱茶重一山一味，一山一味本身已经构成了普洱茶魅力不可分割的一部分。在现代普洱茶语境中说四大产区，通常指易武、勐海、普洱、临沧。易武香扬水柔，以麻黑为代表；勐海厚重，布朗山的老班章，霸气无出其右者；普洱讲究均衡，景迈的茶和文化美名远扬；临沧则呈现出高浓强度和独特的香气，冰岛，是普洱茶世界另一颗闪耀的明星。除了这些代表产区外，还有无数小产区以其稀缺性吸引着人们去探秘。

如今，一山一味已经不局限于普洱生茶，越来越多的人开始追求熟茶的一山一味，甚至是老班章、冰岛等顶级产区的熟茶也有企业开始试水。在发烧友圈中，精准分辨出每座山头成为评判专业与否的重要标准，去喜爱的茶山感受其风土也成为炙手可热的项目。今日喝茶，喝的是茶叶内含物质溶于水后的茶汤滋味，回甘、苦涩、香气、喉韵等，这都是茶叶内含物质的味觉呈现。可以说，喝茶就是喝茶的内含物质，喝的就是不同山头形成的不同内含物质；而冲泡就是要让内含物质更好地溶于水中，使茶汤有更好的表现。

但在普洱茶大肆火热前，云南本地不仅鲜有听说“普洱茶”，更不知何谓“一山一味”。产茶区人民的罐罐茶、竹筒茶，以及搪瓷缸或玻璃杯中浓酽的蒸酶茶才是生活的日常。

作为一个发展不过数十年的品类，普洱茶的特殊在于，其审美的发展不是通过产区内在的发展而变化，而是来自外界销售区的影响。对于普洱茶而言，这样的变化就表现在茶的滋味从曾经的浓酽逐渐辨析出每座山不同的味道。在这个过程中，茶的浓强滋味被减弱、被细分。回到历史场景中，回到不同时代的饮茶器具中，我们更能感受到这种外来审美造成的变化。

罐罐茶与大铁壶

罐罐茶是云南茶区人民抹不去的记忆。把制好的茶叶放入陶制的土罐内，把罐子放在火塘上抖烤，等到罐中散发出略带焦味的茶香时，注入烧开的热水，茶与水瞬间迸发出巨大的势能，发出噼里啪啦的声音。雷响茶、百抖茶都是它。高温炙烤后的茶叶，咖啡因等苦味物质被充分释放，掩盖了其他风味物质，却是茶区人民的提神利器，辛苦劳作的一天往往从一杯浓酽的烤茶开始。

除了罐罐茶，常见的还有大铁壶煮茶。早起烧好一壶水，把黄片等老叶子放进水壶中煮沸即可饮用。茶农爱饮黄片，一来是因为其价廉，另外一个重要的原因则是这样的大铁壶煮茶往往一煮就是

茶叶质检中心监制
中心监制
检中心监制

一天，较嫩的茶叶长时间煮滋味过苦，而滋味物质较少、滋味偏淡的黄片在长时间熬煮后呈现的甜味更受人喜爱。但经过长时间的煮制，这些滋味物质也被氧化，形成络合物，使滋味趋向苦涩。

烤与煮，都是最大限度地析出茶的原本滋味，此类饮茶法粗犷，制茶工艺的好坏也在高浓度的茶汤中被掩盖。

搪瓷缸和玻璃杯

从 1917 年中华美术珐琅厂（中华制造珐琅器皿公司）正式成立后，其后十年，国产搪瓷制品大量应市，喝茶的器具非搪瓷缸莫属。

20 世纪，搪瓷缸是许多家庭的必备品。早上起来，烧一壶水，用指尖从袋子里抓出一小捧茶扔进搪瓷缸中，倒上热水，闻见茶的芬芳才算真正开启一天的生活。茶一泡便是一天，无论什么时候，人们都喜欢抱着一个泡满茶叶的搪瓷缸，不时拿起来，嘬一口杯子里的褐色液体，喝完还不时咂咂嘴，仿佛有无穷的回味在其中。当小朋友想去喝一口时，总是会被赶走：去去去，小孩子，喝什么茶！在物资匮乏的时代，即便没有搪瓷缸，罐头吃完后的玻璃瓶也会被特意留下来泡茶，茶器美观与否并不在考虑范围内。2000 年后，搪瓷逐渐退出人们的生活，玻璃杯成为家家必备的茶器。

此时的饮茶方式，相较于大铁壶煮已经有了较大的提升：茶与水的接触时间从一天缩短为每次 30 ~ 60 分钟。长期饮茶的人，用大口缸和玻璃杯泡也可以分辨出不同区域的滋味，虽然还没有细分至山头，但也开始有自己认定的喜欢的产区。在那一辈茶人的心里，虽然没有很好的冲泡手法，但是对茶的滋味也会在一定的范围内去追求。人们也会通过注意投茶量和注水量来控制滋味。而玻璃杯的引入，使茶叶叶底变得清晰可见，无论是茶农还是茶厂，人们也更加注重茶叶的外形是否美观，制茶工艺也随之提升。

盖碗与工夫茶

2003年，勐海县才拥有了第一套盖碗，是由勐海茶厂工作人员去广东省出差带回的。从前去茶山收茶的外地茶商，需要自己随身携带审评杯碗和盖碗，因为茶农家里没有这些品饮工具。审评杯通过五分钟的浸泡找缺点，辨品质高低；盖碗则通过短时间的冲泡找优点，辨特色。两者都是通过茶水分离使茶中的滋味物质从一口气全数析出转变为数次少量均匀析出，滋味曲线被无限拉平，从陡峭的倒U形变成平缓的下降，苦涩味物质降低，与形成甜、甘味的物质组成了更协调的口感。而与盖碗归为一类的品茗杯，讲究小、浅、薄、白，杯壁留香，能够在更大程度去感受茶叶香气上的微妙区别。

为什么广东茶商能发现老班章？不是因为广东茶商舌头更灵敏，而是因为他们在品饮普洱茶时用工夫茶泡法发现了云南不同产区茶味的不同，循着味觉线索回到源头时，也将这套品饮方法带来。

随着外地茶商越来越多地进入，盖碗在2008年后逐渐在茶山普及；从传统闷泡到茶水分离，让古树茶品质有了明显区分；从“烧水壶”“口缸”到“盖碗”，宛如革命性的一步，让诸如老班章这样拥有顶尖古树茶的村寨脱颖而出。盖碗的精细与云南的有性系茶树结合，有了四大产区，有了“一山一味”，再逐次细分，便产生了追求极致的“单株”。

茶因为与水相遇而被赋予了生命力，与水的分离则赋予了茶真正的个性。可以说，有了茶水分离才有普洱茶的一山一味，也才真正开启了云南普洱茶的山头时代。

老班章茶品鉴

在老班章考察期间，我们喝了老班章村的百家茶，对于老班章到底是什么味道，我们逐渐有了自己的认知。无论苦与甜，春夏秋，老班章生茶全面且丰富的滋味物质是无法否认的。比老班章甜的茶，没那么厚重；比老班章滋味浓强的，苦涩又难以化开；滋味协调的，气韵又差了那么一点儿。可以说，老班章是一个在各方面得分都颇高的全能型选手，其高度协调性很难有山头与之匹敌。

或许市面上还有 99% 的人认为老班章熟茶不过是 9.9 元包邮的升级版，老班章红茶、白茶更是闻所未闻。我们也特地收集来了老班章的熟茶、红茶、白茶进行品鉴，一是证明世界上真的有这样的茶痴在用老班章不断突破味觉边界，二是为你提供一个参考坐标。

人类的味觉并不相通，我们不能完全传递老班章的具体滋味，只是想通过文字让你知道，我们爱老班章，像爱任何一个有特色的产区一样，而不仅仅是因为贵。

老班章生茶（春）·散茶
出品方：贡叶老班章茶业
年份：2019年

品老班章，身子坐得比平时正，心态比平时紧张，毕竟，这是老班章，还是春茶。

取茶七克，沿杯壁注水，浓烈的蜜香伴随升腾的水汽直冲脑门，还未喝到就不自觉地生津。出汤，浅黄色的汤色是老班章较为明显的特点。“霸气”是一个很抽象的词，可一旦感受过老班章的滋味，那种强烈的味觉体验便让你再想不出其他形容词。

一入口，是快速侵占整个舌面的苦味，浓烈，但和中草药令人皱眉的针刺般的苦不同，这苦里融着甜，吸引着舌尖想要去寻找缠绕在这厚重背后若隐若现的甜蜜。在极端的苦与甜中，无垠的味域感升起。苦支撑起滋味宽厚的骨架，甜则为其填充血肉，组成一个丰盈饱满的形象。霸气之后，口腔内突然峰回路转，舌底涌现出清甜，时不时地，从丹田处一股气息升起。不必七碗，两三碗便能通仙灵。这种舒畅感，直至第十泡仍在身体中游移。

对于一般人而言，老班章是一种突破味觉安全阈值的极致挑战。人们对于苦有着本能的反抗，但老班章春茶，带着一种睥睨天下的气势，不多不少，在安全阈值之外，又不过分刺激，让人亦步亦趋，难以逃脱其成熟魅力。

老班章春茶
汤色

老班章春茶
叶底

老班章生茶（夏）·散茶
出品方：贡叶老班章茶业
年份：2019年

大茶园

夏天生长的茶总是苦涩难挨，一向不讨人喜欢的。这个夏日可能是特别的滋润，雨水茶的味道也不同寻常地似乎雅了许多。

茶汤饱满又顺滑，香气不艳，厚实平直，咽下茶汤，满口清甜。干茶非常纤长，绿色中透着一丝暖暖的黄，亭亭玉立又朴质平实。没有了强烈的刺激，新茶便也适口了起来，透着日晒的清花香气。这感觉让我回想起盛夏的昆明，哗啦啦一场大雨把烈日的燥热消灭得干干净净，一种清爽舒适的感觉环绕着身躯，不断被放大，并向四周延展，想去捕捉悬浮在空气中的每一个凉爽的水分子。

这老班章夏茶就如同林徽因所描述的昆明：这个天气晴朗、熏风和畅、遍地鲜花、五光十色的城市。

老班章夏茶
汤色

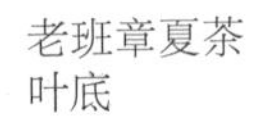

老班章夏茶
叶底

老班章生茶（秋）·散茶
出品方：贡叶老班章茶业
年份：2019 年

我对老班章茶的印象一直停留在“霸气”两字上面。喝过一些老班章茶，给我的感觉大都是茶气十足，有苦涩感但化得很快，看到秋茶的时候便想，秋茶会不会茶气稍弱一些呢？我带着这个想法打开了袋子。

干茶外形条索粗大匀齐，略带白毫，香气明显高扬。冲泡时一股老班章特有的茶香扑面而来，香气高扬，馥郁花蜜香明显，在花蜜香之下又带着橄榄香，汤色橙黄明亮清透，滋味醇和。茶汤中融合着茶香，茶味更加柔和，回甘明显有着橄榄的清凉感，稍稍有的涩感转瞬即逝，几泡喝完之后，口中满满的花蜜香萦绕。茶味略淡但香气十足，香韵绵长，“春水秋香”说的便是如此吧。老班章秋茶少了几分霸气，多了几分香韵，透出老班章霸气之下的几许灵气。

老班章秋茶
汤色

老班章秋茶
叶底

老班章纯料古树熟茶
出品方：勐海芒嘎拉茶厂
年份：2019 年
规格：357 克 / 饼

喝老班章，是需要仪式的。虽没有沐浴焚香这么隆重，但是净手、静心是需要的，因为这杯好茶来之不易。2018 年 10 月，芒嘎拉茶厂用 1072 公斤纯料老班章古树春茶来发酵制熟茶引起业内轰动，半年后，这款顶级熟茶终于出现在我们的面前。

看了下包装，2019 年 5 月 18 日才出厂，一款非常新的熟茶，两次洗茶之后，茶汤深红透亮，入口顺滑有厚度，包裹度非常好。再次回味，老班章原料特有的苦底在舌根显现，充满高级感。几泡下来，能明显感觉到茶汤回甜中带有一丝丝清凉感，汤体的饱满度和层次感都很不错。

“顶级熟茶只有这些吗？”才入行不久的同事这样问道。“不着急，我们慢慢喝，这款熟茶一定有它最特别的地方。”果然如此，在第七泡入口之后，浓烈的喉韵久久不能散去，竟然在熟茶中品到了老生茶的味道。轻嗅叶底，老生茶的木质香非常明显，闷泡之后更加甜润，喝过仍觉意犹未尽。两个月不到的新茶竟然有如此表现，那待沉淀了岁月之味后呢？此时我才彻底明白，芒嘎拉成就这款熟茶靠的不是运气，而是十足的底气。

老班章熟茶
汤色

老班章熟茶
叶底

老班章·红茶
出品方：和森老班章
年份：2018 年

红茶经常喝，但老班章红茶还是第一次喝，只是听名字就觉得足够奢侈。

这款红茶的原料用的是老班章秋茶，从外形上看，干茶条索纤细完整，是由一芽一叶老班章原料制成的，且茶体金红显毫，凑近细嗅，可闻到淡淡清香、花蜜香。取八克置入盖碗，90℃水冲泡，快速出汤后，汤体绵稠挂杯，金黄透亮，无浊物，放置在光亮处，汤体仿佛自带镜面效果，清澈通透。

茶汤入口，毫香四溢，甜润持久，厚滑饱满，清香悠长，无酸味，特别是茶汤从喉部流淌到胃部的过程中，你既能感受到汤体的暖，又能在过喉瞬间感受它散发出的悠悠清凉感，活力十足，这大概就是老班章红茶的独特魅力吧。从耐泡度看，七八泡后，汤色依然稳定如初，非常耐泡。在寒冷的冬日里，一泡老班章红茶下肚，浑身通透，似乎是这茶汤的活力转移到了人的身上，一喝就停不下来。

老班章红茶
汤色

老班章红茶
叶底

老班章·白茶
出品方：和森老班章
年份：2018 年

大茶园

老班章白茶，虽是老班章山头中比较少见的茶类，但既然是老班章，自然有其独到之处。

茶汤通透，颜色较深，初闻有明显的蜜香，香气之中自有老班章的标识。品饮起来，与传统认知中的老班章茶不同，既没有强烈的刺激性，也没有浓重的苦味。冲击整个口腔的是极易感知的甜味，而后就是强烈的回甘，两层甜味共同触及味蕾，转化为老班章白茶独有的滋味。

稳定耐泡，也是这种老班章白茶给我的明显感受。出汤至十多泡，汤色依然没有多大的改变，滋味也一直保持在最佳的口感，持续地带来上佳的品饮体验。

老班章干茶

老班章白茶
汤色

老班章白茶
叶底

茶叶带来的改变

你以为这个神奇村寨的繁荣靠的只是茶叶吗

大茶园

初到老班章村，“神奇”一词，足以概括我对这个哈尼族村寨的第一印象。

山上建洋房，村里有银行

老班章村村民富裕，在来之前我早有耳闻。从勐海开车上山，波浪式摇晃的山路，路况谈不上差到飞沙走石，但确实就是上山的感觉，让人很难升起期待。然而，当老班章村逐渐出现在眼前时，一幢幢小洋楼向你越靠越近，一幢赛一幢高大，一幢赛一幢漂亮，其中还不乏设计感十足的建筑，令人眼界大开。

自广东商人发掘了老班章茶之后，除了 2007 ~ 2008 年遭遇了信任和金融危机外，班章茶价攀得一波比一波高。老班章村村民赚的大部分钱，都花在了买房买车上。据村民二土描述，老班章村每家在勐海县城至少有一套房；村里的房子，只要有钱就继续盖，原来盖好的房子，赚了更多的钱后就推平了重建或者翻新。

贡叶小马哥说：“从山下运输建材的费用比建房的花销还要大。”整个老班章村到处都能听见施工队施工的声音。

从茶叶卖不上价到价格疯涨，老班章茶农从贫困逐渐变得富裕，手里的存款也越来越多。2013 年年底，农村信用社在老班章村开了第一个村级银行，据说这是在深山老林开的第一家大型银行。

火塘文化，薪火相传的希望

村民争相建洋房，哈尼族传统民居的痕迹越来越少，以至于我在高档的洋房里看见原始的哈尼族火塘时会产生一种错乱感。

火于哈尼族人而言是一种信仰。火塘是家的象征，更是一种传承。和森大爹跟我们说："每天晚上都要生火。家里每天至少要有一个人，如果隔一天不生火，寨子里的族人，龙巴头或者老人就有权利来罚你的款。现在没那么多讲究了，以前是这样。"

不管老班章村的洋房盖成什么样子，总要设置火塘的位置。不生火就说明你对这个家、这个寨子不负责任。据和森描述，如果家里连续两三天不冒一点儿火烟，就感觉像什么东西断了一样，人气不旺了。

火塘有温暖，有气息，燃烧的是哈尼族人的热情开朗。我深深地记得，仲夏时节，我们在火塘边围桌而坐，吃着和森大爹自己养的鸡、自己种的菜，喝着和森家煮的老班章茶、酿的自烤酒，边吃边聊，从下午六点多吃到晚上十二点多，从饭菜吃到烧烤，大汗淋漓，热情似火。我从未连续吃过这么长时间的饭，同行的伙伴们也是。在老班章村就是这样，有朋友来，三五成群，大家围在火塘边，该吃吃，该喝喝，有温暖的感觉，有聊不完的话题。

早上起来的时候，哈尼族人就用火塘煮上一壶茶，或者温点儿水，中午回来的时候有热茶、温水喝，这才是家。家是一个能给你温暖的地方，是一个你想回来的地方，是你的避风港。

薪火相传，才能欣欣向荣，而严格的族内制度，为繁荣铺垫了基石。

守护繁荣，我们依旧热情质朴，辛勤劳作

"茶业复兴"之前出过一篇文章——《老班章有钱不可怕，可怕的

是老班章村村民比你还努力》。里面就讲述了“表哥”的“奋斗史”，说他除了卖自己家的茶，还自己出钱给茶农盖房子，作为班盆茶园的交换。“茶叶没有达到一定的产量，生意就不好做。”二土说。是的，这个“表哥”，就是又一次热情收留我们的94号胖二土（94号是二土家的门牌号，老班章茶农常以门牌号作为自己的品牌名）。据说他家还租了地给人家种石斛，真的可以说是很会动脑筋了。

拜访老班章村村民的时候，他们不止一次提到，感觉现在的人和以前相比不那么淳朴了，有钱以后，大家的想法越来越多，也越来越冷漠，凝聚力越来越差。这的确也是现实，但我还是能从他们身上感受到淳朴和勤劳的内质。比如二土对我们的热情接待，不仅让我们免费住在家里，还带我们四处拜访村民；比如和森，与我们聊着天，还不忘喂鸡、喂猪。我们那天晚上和他畅聊到十二点多，第二天早上大家都睡得东倒西歪，起床到和森家的时候，却听阿汤说他七八点钟就起床去地里了。我们在路上闲晃的时候遇到和森，他骑着小摩托，脚上还沾着新鲜的泥土，黝黑的脸庞上挂着朴实的笑。此情此景，谁能把他跟和森老班章的品牌创始人、身家千万的大富翁联系在一起呢？

大茶园

老班章有好多实打实的隐形富豪，茶王树家的二灯也是，一脸淳朴的笑。我们去拜访的时候，她正在干活。我们不想打扰她，她却放下手中的活计热情地招待我们，泡茶给我们喝。她和善真诚，谈到哈尼族布艺的时候还专门翻箱倒柜地给我们找相关文书。在我的眼中，他们都是可爱、勤劳而淳朴的村民。

这是我初到老班章村，不虚此行。富裕一时靠茶叶，繁荣一世就得靠辛勤的劳动和世代的文化坚守了。老班章村，在巨额的财富积累下，在各个方面发生了并且还在发生着改变。

老班章村的崛起，从茶叶价格崛起开始

关于老班章茶叶价格的崛起原因，村内流传较广的有两种说法。

第一种是，2000 年以前，因为是国营制限定，老班章村的茶叶只能销售给勐海茶厂，单一收货渠道使得茶农在茶叶定价上几乎没有话语权。“例如，1998 年，按规矩卖茶给勐海茶厂只能卖到 9 元 / 公斤，另寻渠道销售则能卖到 9.5 元 / 公斤，但是中间有相关机构阻拦这种外售方式，所以当时我们的茶叶大多都是销往勐海茶厂老班章村收购站。”和森说。2000 年后，随着销售渠道打开，老班章茶叶价格也提了上来。

而在李政明看来，老班章茶叶价格上涨的趋势比 2000 年这个时间点来得更早，他觉得是税费改革改变了老班章村的命运。早年，茶叶作为农业生产者销售的自产农业产品，从农户个人手中出售时需要上税，1994 年，国家实行新的增值税制后，茶叶作为自产农业产品，属于免税范围，“也正是在免税后，茶业老板们才有了跑山头的意识，如果不是这样，又有谁能发现偏远的老班章村呢？老班章茶又怎么会贵得起来呢？”

无论是受税费改革影响，还是开放销售渠道带来的利好，老班章茶叶价格逐年上涨的趋势是有迹可循的。

在和森的记忆中，老班章茶叶价格稳步增长的起点是在 2004 年年底，“那年年初，老班章春茶价才 35 元 / 公斤，到了 11 月，一群广州商人进村大规模收购茶叶，他们甚至通过村委会广播，以每公斤 50 元的价格采购”。2005 年，茶叶价格涨到了 70 ~ 80 元 / 公斤。2006 年，老班章秋茶涨到 200 元 / 公斤，也因为当年售茶收益较好，和森全款买了一辆吉普车，加上落户、上税等费用后，一共花了 8.1 万元，自此，他们家成了全村第二户有车的人家。

2007 年，作为老班章茶价飙升最快的一年，茶地里的一片片嫩叶变成了比黄金还珍贵的东西，“那年春茶价相比前一年秋茶价翻了整整 6 倍，一路飙升至 1200 元 / 公斤”，但好景不长，价格猛然增长必然带来跌落，“红利过后，茶价跌到了 400 元 / 公斤，我们整个寨子积压了 6 吨干茶”。2008 年，陈升号进驻老班章村建厂，与当地茶农展开合作，“那一年，村里只有 7 户茶农没和陈升号合作”。

也正是从 2008 年开始，老班章村村民开始慢慢学习起了盖碗的使用。通过盖碗泡茶，客商可以看到不同阶段茶叶汤色的变化，从而评判这款茶的耐泡度；而对于老班章茶农来说，泡茶工具的演变算得上是一次历史性的革命。

陈升号入驻老班章村后，为了在村内普及工夫茶饮法，他们给每户村民都发了一套盖碗茶具。和森第一次使用盖碗是在 2009 年，那是为了招待客人才用的，而在日常自饮情况下，他一般是以闷泡或者火塘煮沸的形式来喝茶。这种长期形成的个人饮茶习惯，直到十年后的今天也还是没有变过。

2009 年，老班章村村民的茶叶依旧自采自卖，干茶售价维持在 1000 元 / 公斤。2010 年，陈升号在老班章村建厂完毕，并以超过 1000 元 / 公斤的价格从村民手中收购茶叶。到 2019 年，老班章村仍然有 42 户茶农与陈升号合作。

2017 年，老班章茶王树以 320000 元 / 公斤的高价成交，引发了关于老班章茶价的又一波舆论高潮。虽然这个价格不具有普遍性，但仍然说明了逐年崛起的老班章村，离不开茶叶价格崛起的带动。

寨门的演变

还有什么比老班章村的寨门更能代表老班章的吗?

没有。

每一个来到这里的人，或主动或被动，总要与这道大门合影留念，原因无他，这就是老班章村的标志。灰色为主色调的寨门，10 米宽的三道圆拱门上架起雄伟的褐色房檐，以中间最大的寨门为中轴线左右排布开来，寨门两边装饰褐色柱子，整体给人以开放恢宏的印象。房檐下原本是黑底金边的匾额，上面写有“老班章”三个汉字，还有哈尼文“Ba Ja Pu”。哈尼族本没有民族文字，1957 年才创制的哈尼文是一种拼音文字，其形容词修饰名词时一般放在名词之后。

新的匾额内容没有了“Ba Ja Pu”，改为“老班章 中国普洱茶第一村”，行业内流传甚广的“班章为王”被正式定论。匾额下三道门前都设上栅栏，电子摄像头 24 小时无间断运作。

这座寨门由陈升号于 2016 年捐资修建，寨门右侧的新建简介清晰地介绍了其建设初衷：“值此老班章村建寨 540 年（1476—2016）暨村企合作 8 周年际，哈尼人构思，陈升人兴建，彰显民族大团结，新农村硕果，承载哈尼族悠久灿烂历史文化新龙巴门……”

在这一代雄伟的寨门出现之前，寨门已有过两次迭代。如果在网络上搜索，还能找到前两代寨门不太清晰的模样。寨子在变化，寨门也在迅速迭代，每一次变化都是老班章历史发展的见证，是普洱山头茶发展史的重要节点，同时也代表了外来文化对哈尼族文化的冲击。

第一代寨门修建时间已无法考证，由简单的木头与茅草搭建而成。彼时普洱茶虽然已经兴起，但山头茶还只是少部分发烧友压箱底的宝贝，又因为路途遥远难走，老班章村还处于半开放状态。

第二代寨门已经与传统风格有了明显的区别，修建于 2010 年的蓝色琉璃瓦水泥柱寨门，这种风格正好是如今多数茶山房屋的缩影。2010 年，“老班章”已经成为茶城家喻户晓的名字，前来朝圣者有之，滥竽充数者也络绎不绝。此时陈升号已经入驻老班章，成为老班章唯一可以收购鲜叶的厂家，为此寨门旁还特地立上了一块警示牌：“禁止到茶地收购鲜叶。”

哈尼族人把寨门称作龙巴门，在他们心中龙巴门是神圣不可侵犯的，它既是外人认知本村的标志，又承载着保护本族人的重要作用。在老班章村，这两者已然产生了分离，人们热衷的老班章村大门成为一个单纯的符号，而承担老班章村民社会生活与祭祀的龙巴门却很低调，它藏在入口 200 米处的右侧草丛里。初来乍到的外来人很难发现它。但对于老班章人来说，只有经过了这道门，才算真正进入老班章村。举行婚礼的时候，新娘需要走到这道木门下换上村里人制作的衣服才被认可为本村人，若有老班章村人在外去世，也需要经过此门才算落叶归根。

土地承包：老班章村最稳定的收入来源之一

土地孕育了地球上的万物，是人类的衣食父母；对于身处农村的大多数村民来说，土地算得上是他们最重要的财富之一，有时，甚至是唯一的财富。

与城市居民出租房屋，每月固定从租客手中收取租金一样，农村土地对外承包，或许也算得上是农村村民的一种稳定收入来源。也正因为获利相对稳定，风险较小，即便是如今名声在外的老班章村，也存在由村集体牵头对外出租土地的情况。

作为在任村主任期间全程参与了老班章村土地承包事宜的伊娘阿谷家族的和森来说，他对村内外租三个地块的情况了如指掌。“2007年，老班章村外租的第一块地，6666.6亩，是租给了李旻果，租期为30年。”和森说，租地之初，老班章村就定下规定，不允许租地人在这块土地上进行规模化茶叶种植。当然，李旻果租地的本意也不在种茶上，她用这块土地栽种了原生态高等植物，试图再造热带雨林群落，“她像打造植物园一样，在地块内种下植物种子（多是兰花类），在几乎不施加人工干预的情况下，任其自然生长，以呈现植物多样性样貌”。

李旻果租的这块地很好辨认。作为辨认标志，园区入口处立有一块石碑，上面用中英文双字体刻有“天籽老班章·生物多样性茶园林保护区”几行字，下面“天”字似人形的简易图案也俏皮可爱，格外醒目。

10月初，布朗山区微风徐徐，在“天籽老班章·生物多样性茶园林保护区”入口处，成熟炸裂的野生板栗乘着风悄无声息地从树上掉落，在灰色石子路表面铺上了一层带刺的棕色小球。午后，阳光透过树叶缝隙，洒落在石子路上，远远看去，斑斓又迷幻，好似推开那扇木栅栏就能瞬间走入电影场景，成为故事的男女主角。

在租地者李旻果的构想中，这个园子无论于她还是于版纳雨林，都意义非凡。她要把这个园子做成澜沧江边的一个纪念花园。纪念，指的是她逝去的丈夫马悠，还有他们一同经营的事业，园子里的兰花物种不断增多，这些花要从孢子重新生长，还原出物种最初的样貌，就如同他们机构名称的含义一样——天籽，即天赋籽权，还给每一个物种生长的权利。

与这片园地仅一路之隔的就是老班章村外租的第二块地，这块地占地面积3000多亩。和森告诉我们，这3000多亩地最早是租给了广州一个许姓老板，租期为五年，“当时我们租地给他们，承诺这五年内不收取租金，但他们要出力、出技术来开发土地。五年后，开发出来的3000多亩地块则由双方五五分成（使用权）”。

但事情不总是像预想的那样一帆风顺。由于租地方迟迟未将土地开发成功，一年后（2008年），这块地经协商被平分成两份，其中，收回村内的1500亩左右地块由村集体转租给了村民戈二使用，而对方的1500亩地则转租给了茶企陈升号。土地可开发用于茶叶种植。

经过十多年的开发，如今再回望这3000多亩土地，你或许会被它规整的样貌所惊叹，这片茶园是以生态加台地相结合的形式种植管理的，从茶树育苗上看，他们是先育好苗而后才种到地里的，以前的老茶园则是直接种茶籽，存活率不高，现在这3000多亩茶园就精细得多了。

老班章村外租的第三块地位于村寨的八公里之外。这块地在2012年通过村组协商租给了总部在广州的一家木业公司，总面积为 9963 亩，全部用于沙松种植。“当时，我作为村里的法人代表，在合同上就明确写下了不允许他们在这块地上种茶的条约。”和森说。树的生长是缓慢的，经过几年养育，现在这片地里的沙松还只有成人手臂粗。

由于地块用途不同，老班章村外租的这三块地收取的租金数额也不一样。“李旻果租的 6666.6 亩地，每亩地年租金为 30 元；租给戈二的 1500 亩地，每年每亩地收取 700 元租金；租给木业公司栽种沙松的 9963 亩地，则以每年每亩地 30.5 元收取租金。”且根据当时任村副主任的李政明说，这些外租地块，每年除交地块租金外，还需给村委会再交一笔钱，例如，李旻果租的用于恢复生物多样性的地块，每年每亩地交 5 元；戈二用于种茶的地块，每年每亩地交 7 元；木业公司用于栽种沙松的地块，每年每亩地交 1 元。

相比老班章茶每年起伏不定的价格变化，土地承包所得或许是最稳定的，起码目前从合同上来看，这笔收入近 30 年是不会有变动的。

老班章茶园

老班章五代房屋变迁

大茶园

我带着 30 块钱
和 4 个碗在这里安了家

看着眼前这个满脸皱纹、头顶布巾、穿着简陋衣衫、身处深山的 63 岁哈尼族老妇，你根本不敢想象她不仅会听、能说普通话，还能把智能手机玩得溜溜转，甚至在微信聊天时还会戴起老花眼镜使用键盘打字。

要是时间往前推 37 年，那时的杨小英或许也不敢想象她的生活会变成今天这番模样。

第一代房屋只花了一天就建成入住

对于 37 年前 27 岁的杨小英来说，她的 1984 年，或许正像我们读完乔治·奥威尔的小说《1984》那样，只要回忆起来就会让人突然觉得后背“冷飕飕”。

“1984 年分家后，我的第一所房子只花了一天就建好了，基本没花什么钱，但也简陋得连现在茶地里放杂物的小棚棚都不如。现在的小棚棚屋顶起码是石棉瓦，不会漏雨；那个时候屋顶都是用茅草铺起来的，每年都要换一次草。”1984 年 1 月，还在孕期的杨小英和丈夫带着两个孩子和分家分到的 30 块钱、4 个吃饭用的小瓷碗，在老班章村另划地基，快速建房，独立成了一户人。“刚分家出来，除了那 30 块钱和 4 个碗，其他的我们什么都没有，全部都得靠自己奋斗。那时候我的几个孩子都还小，老大才三岁，刚会跑跳；老二两岁，还得依靠大人背；最小的二土还没出生。”

杨小英告诉我们，当时建房，前期收集准备建造材料的工作全部由她丈夫一人完成，等到真正分家那天，他们请来十个男性帮手，一起搭建起了这个家安身立命的简陋小窝。

“我只记得刚分家那几年，我们家的房子小小的，想吃什么都没有，甚至连多余的盛饭碗都找不到，都是用废弃的瓦片来代替。也因为家里太穷，房屋的木料大多是用竹子代替。”即便现在家里不再愁吃愁住，但二女儿阿兰回忆起小时候的苦日子，还是严肃地皱起了眉。阿兰的爸爸在家里排行老二，当年分家物件分得少，也与排行有些关系。

杨小英一家对早年村里帮助过他们的一个奶奶非常感激，虽然如今奶奶已经去世多年，但他们从没忘记过她的好。杨小英告诉我们，当时，对于农村妇女来说生儿育女是一件非常重要的事，但那个奶奶却没有自己的孩子，或许是出于遗憾，也或许是母性使然，她对周边小孩都很好，“她家的家庭条件也比我家好很多，我们出门干活，家里小孩没人照管，也没吃的，去到她家玩，她都会分给他们一些芭蕉和土豆吃，不让孩子饿着”。

从混居竹屋到房间数不完的楼房

追溯历史你会发现，西双版纳哈尼族房屋与侨居泰国北部、缅甸东部、老挝中北部地区的哈尼族人的居室基本相同，基本样式一共有三种。其中一种是简易型茅草屋，哈尼语称为“组窝”，这种房屋的结构是：在坡地上平整出一块长约十米、宽约五米的地坪，作为起居室和伙房；向下坡方向用竹木搭成另一个平台，宽五六米，作为卧室，其室内用竹木一分为二。出入方便的是男子间，另一个是女子间。房顶用竹木搭架，覆之以山茅草。

显然，杨小英家的第一代房屋属于这种简易型茅草屋，只是比这个更简陋。

哈尼族居室的第二种基本样式是近似傣族的干栏式竹楼“高脚楼”，它的特点是：楼面有两层平台、两个火塘、风缘板出头等，且通常用 10 根主柱、10 根副柱拦腰凿洞穿连而成。室内则用木板或者竹片隔开一分为二，作为“男子间”和“女子间”，而且有分别出入的门道和楼梯，每间居室各设置一个火塘。

杨小英家重建这一样式的房屋是在分家三年后。

“分家后，我舅舅家出现了些变故，在舅舅去世后，舅妈也离开了那个家，他们的房子也就一直闲置废弃。那时候，他们家与我们家的差距非常大，他们住的是条件更好的木结构房屋。为了改善居住条件，我们只能去舅舅家废弃的房屋里拆卸些木料来翻修我们破败的小屋。我们家第二代房屋就是这么来的。”阿兰说。

随着一分一毫财富的积攒，又过了五年，杨小英家的第三代房屋终于有机会建成。这是一间砖瓦房。而砖混结构房屋在哈尼族居住历史上是没有的，进入 20 世纪 80 年代后才逐步出现。

2009 年前后，随着生活水平大幅提高，杨小英家的这间砖瓦房被推翻建成了小楼房。七年后，楼房又被全部推翻，改建成了现在的第五代房屋。

杨小英知道，这些改变都是茶叶给他们带来的。

第五所房屋建了近三年

“这栋新房子是我儿子二土规划修建的，建了近三年。”杨小英说。从勐海县开小型车到老班章村需要一个半小时左右，这还是近几年通村道路修缮后的行车时长，换作早年，道路难走时，大型运输车辆往返村寨十分困难，运费也相对更高，所以，材料运输费在建房支出中的占比不可小觑。

长时间、高花费确实也换来了好评价。有外地朋友参观过杨小英家这栋别墅后感叹：“这哪里是建在农村的房子，简直堪比城里的星级酒店！”

从贫穷到富裕，来之不易，杨小英很珍惜。她每天起床的第一件事就是提起扫帚把整栋楼都打扫一遍，就连屋外栽花的小花台也不放过。为了保持屋子的干净卫生，杨小英养成了一个习惯——每天从茶园里喂完鸡回来，她会先坐在门口台阶上脱下沾泥的胶鞋，换上干净的拖鞋才进屋。

杨小英家的第五代房屋是在 2018 年 2 月 8 日揭的新房。即便是在入住一年半后，当旁人问起她喜欢住以前的老式干栏式房屋还是现在的别墅式楼房时，她的回答依旧很坚定："我更喜欢住以前的那种老房子。现在的汉式楼房，我们老一辈哈尼人住不习惯。"

虽然嘴上有些小抱怨,但杨小英对这种直观的改变还是很自豪。如今，一家人的生活安逸而自在，不用再为第二天的生计担忧；每天去茶园喂喂鸡、摘摘野菜，在家准备饭菜，绣花，成了杨小英的主业，"我守好这个家，外面就交给儿子去打理了"。

杨小英家的第五代房屋

一个家，一座工厂

大茶园

8月的这次老班章之行，因为贡叶茶厂的房间不够住，小马哥将我安排在茶农李开荣家住宿。走到大门口，我才想起来，我们在6月来过一次他家，他家的房子外墙是红色的，但红得比较协调，所以其他人都称这里为“红房子”，好像整个老班章村也只有他们家的外墙是红色的。

那次来，我们纯粹是喝茶。李开荣夫妇话不多，老两口在一旁坐着，偶尔会说上几句，即使说到好玩的地方笑起来，也无声。那次，我们觉得开心，因为喝的是春茶。这次，我能住在他家觉得真走运，他家人少，加上他女儿（李春燕）带着孩子去大连了，屋子里显得特别舒适安静，只有吃饭时间和晚上才能听得到说话声。

李开荣家的房子每个角落都透露着崭新的气息，2018年1月8日开始施工，到12月20日竣工，占地面积800平方米（含院子），总共四层，至于花了多少钱，他也说不清楚。他家的新房与老班章村其他茶农在这几年新建的房子非常接近，高大、气派是给人的第一印象，也是外界对其的共同认知，但实际上，他们也非常务实，之所以修建得如此大，一是他们自己居住舒适，二是茶叶制作场所的实际需要，要是小了还真不行。

第一层，进大门的空地是一个较大的院子，基本能够停放六辆车，这是老班章房子的标配，这还不包括进茶山用的三轮车。这一层最重要的功能是制茶，准确地说，是茶叶的初制。李开荣家的一楼有杀青的锅灶两台、专门杀青的机器一台，以及人工杀青所需的柴火的堆放空间；此外，一楼还有一个厨房、两处茶室，以及工人睡觉的房间，总共五间。

二楼有一个厨房，与餐厅相连，是主人做饭、吃饭的地方，虽然有现代化的厨具，但他们依然保留火塘；还有影音室，是专门供一家人看电视、娱乐的地方，他们家安装了投影仪，音响效果也好；客厅较大，与茶室相连，二楼的茶室多用于招待客户，博物架上摆放着茶与壶，四围有书画；二楼配置了五间房间，专属于主人，另外还有两间房间是专门留给客人的；二楼的阳台比较大，与猜想的不一样，不是用来晒茶，而是用来晾晒衣服的。

三楼与茶的关系更紧密一些，有一间相对较大的房间，是专门放茶叶的仓库；三楼有三间房间是供客人住宿的；三楼最大的空间是用来晒茶叶的，又分为晴天时自然晒干的阳台、下雨时晾放的玻璃房，专业又方便。

四楼修建了一个水池蓄水，解决一至三楼的用水问题。

为了让在家里做茶轻松点儿，他们安装了电梯，可以从一楼乘到三楼，这样方便搬运茶叶，能大幅提升效率，也减少了茶叶的损耗。而电梯，现在已成为老班章村新房的标配。

但在过去，在新房未建、茶叶不值钱的时候，这一切都是无法想象的。李开荣说以前的房子只有两层，木头结构，也没有现在的大；一楼主要是用来堆柴火、放三轮车以及安置炒茶的灶台；二楼供主人住宿，兼具厨房、餐厅功能，与现在的住房条件相比，要简陋很多。

初到李开荣家时，我还是颇为震撼的，这个家可以称得上是功能齐全的家与茶叶初制所的结合体，不但舒适，而且实用；相比一些茶农家，他家的装饰比较素雅、简洁，也比较干净，有窗外绵延

老班章
五代房屋
变迁

青山、窗内明亮天地之感，心也不由得跟着宽敞、明亮起来。

老班章村，一个家就是一座工厂，把时间与空间相融，把生活与工作相融，把情感与梦想相融，融为一个真实的梦，触手可及。

大茶园

老班章大门

外地女婿：老班章村里，近 20 栋房子都是我建的

忙碌的春茶季过后，与整个老班章村呈现出的空寂氛围不同，每晚 6 点半，老班章 72 号一楼院子内都人头攒动，异常热闹。在这里，能听到最多的是四川方言，吃到的会是川渝特色口味的麻辣水煮鱼、麻婆豆腐、回锅肉……

作为老班章 72 号的男主人，兰光平和他的建筑队近 60 人都驻扎在此。6 月 6 日这天，一直到晚上 7 点，家中都没来几个人，负责做饭的罗素琴来不及换下围裙就直奔大门口，她仰着头朝坡头张望。5 分钟后，几个头戴安全帽、腰系简易工具盒的建筑工人出现，罗素琴用她那四川人独有的豪爽语气朝前大喊了声："今天咋干那么晚哟？快来吃饭。"催促过后，她掖了掖袖套，踏着水鞋小跑进厨房。

因茶结缘，从四川到云南

厨房里，刚被热油炝过的麻椒散发着诱人香气，令人食欲大开。工人们走进厨房自觉排队，每人领取一个大号洋瓷碗，满满地盛好饭便坐在桌前等候上菜，有人闻着饭香，忍不住先扒了两口白米饭。

作为建筑队的"炊事员"，56 岁的罗素琴还有一个身份——老班章 72 号男主人兰光平的母亲。2015 年，受儿子之托，她和丈

夫、几个近亲举家从四川宜宾搬迁到云南老班章村，这一住就是四年多。

除了劳动力，罗素琴从乐山老家一起带来的还有一身做饭的好手艺。目前，她和一个亲戚两人共同负责着建筑队近 60 人一日两餐的伙食，每天光在买菜上的成本就是 600 多元。为了让工人们能吃饱吃好，通过这一口家乡味消解疲乏，她会尽所能变着法儿地想第二天的菜谱。6 月 6 日这天晚上，罗素琴为大家准备了麻辣水煮鱼、肉片炒豆芽、清水煮苦菜、泡椒炒土豆片等菜。半小时后，桌上少有剩菜，看大家吃得开心，她也就不觉得累了。

因为第二天就是端午节，有工人一早就要回家，手头不宽裕的人借此向老板“兰总”打去电话，预支工钱。原本打算通宵在老班章 82 号做建筑浇灌的兰光平，只得抽空回了一趟家。由于来晚了，他没能在饭桌上找到空位，就夹了菜一个人蹲坐在布满砂石的楼梯上吃起饭来。

兰光平能在老班章扎根，既是缘分的结果，也是冥冥中就注定了的。2009 年，还是一名普通建筑工的他，随建筑队从景洪辗转到老班章，“那个时候进村的路还很不好走，是沙土路，我们开车从勐海到老班章起码花了两三个小时，要是遇上下雨天，走不走得到村还是个问题。”兰光平说。

随着老班章茶叶价格不断上涨，建筑队入驻老班章村后，工程一拨接一拨地来，兰光平闲暇的时间很少，也正因如此，他格外珍惜放假时间。

去网吧上网，是当年像他这样的年轻人主要的娱乐方式之一。“年轻嘛，贪玩，2010 年还没有微信，我们都是用 QQ。我和我媳妇就是在 QQ 上通过搜索‘附近的人’认识的。”那时的兰光平没想到，他在勐海县城网吧蹲守两天认识的这个老班章村姑娘，今天会成为他的妻子；更让他想不到的是，他会在老班章组建自己的建筑队，并成了别人口中的“兰总”。

如今回想起来，兰光平觉得这一切的改变或许是茶叶带来的。

只卖鲜叶，不炒茶

兰光平与妻子分工明确，一个专注村内建房，一个专注家中茶园的管护。值得注意的是，与老班章村内大多数家庭不同，兰光平家只售卖茶鲜叶，而不炒制。

由于长期闲置，在老班章村作为每户标配的炒茶灶台，在他家成了摆设，炒茶锅内落满了灰尘，放养的土鸡有时也会在里面做窝。但尽管如此，兰光平一家每年都能收获一至两吨茶鲜叶，收入百万以上不成问题。

在农村，大量财富积累带来的改变通常最先反映在建筑样貌和出行工具上，这一点，在老班章村得到了印证。在兰光平的印象中，从 2009 年到 2019 年的这十年间，老班章村建筑风格的改变主要分为三个阶段：第一阶段是 2009 年至 2013 年，村民们逐渐摒弃传统木质结构建筑，开始改建两三层式楼房；第二阶段是 2013 年至 2017 年，村内私人住宅逐渐翻新、外扩，层数增加，外观也更偏现代化，此前的平顶房基本都变成了需要吊顶的小洋房；第三阶段是 2017 年至今，别墅式的建房风格开始在村里流行起来，房屋柱子从以前的每根 20 厘米宽增加到了现在的 40 厘米宽。打围墙、装围栏的人家也很多。

有人不会图纸，错过几百万

兰光平说：“近三年来，老班章村房主的建房要求大体可以归结为——要大，要宽，要有落地窗。此外，建房前还需先拿出设计图纸。”

“在老班章建房需先提交设计图纸”的建房前提条件，或许是这些年老班章村村民不断提高的审美水平与文化素养的映照。在老班章建筑队中，有人就因为无力把建筑想法呈现在设计图纸上而错过了上百万收入。

傣族建筑工岩应，就是那个“因为不会画图纸，在老班章错过上百万”的人之一。提交不了图纸就意味着工程干不大。如今，岩应在老班章村主要负责在别墅内搭建简易的附加建筑，或是做些简单的工作——打打围墙、装装围栏。据他所说，在老班章村，现在的建房价格是在每平方米1250～1350元，每栋别墅需花费数百万元，每100万修建费中，承包建房的老板能挣20万～25万元。

加个微信，拓宽业务

从2015年至今，兰光平统计过他在老班章村共承包建造了近20栋房。

不过，即便建了近20栋房，兰光平自己也从没画过一张建筑设计图。“设计图都是从外面找人来画的，一张图花费一两万元，改到房主满意为止。”在兰光平看来，不会画设计图不是大问题，只要能看得懂图纸，问题都不大，“承包别墅建造这样的工程，最大的问题是资金得充足。村里有一栋建筑，建了三四年都还没建好”。

最近一段时间，兰光平听说有房主想在村里建大理风格的房子，6日晚上，刚好遇见茶业复兴老班章走访队中有大理人，他赶忙掏出手机说：“加个微信嘛，你给我发几张你们大理那边的住房图，我看看你们的建筑风格是什么样的。”

斜坡上的茶树
2019 年老班章村村貌

装箱待发货的
老班章干茶

火塘上的铁壶

茶农 李政明：从开手扶拖拉机到开兰德酷路泽的医生、茶农经济史

我们是掐着时间前往李政明家的，尽管是6月，远没有春茶季的忙碌，但对于传统的老班章人来说，他们还是闲不住，大清早出门、天色擦黑而归，忙茶事、忙农事，只要出门，总有忙不完的事情。我们掐的时间，就是算准了他会在家的时间——晚饭总会在家吧。之前我们约了几次，总是找不到人，后来就索性不约了，直接去他家。

我们晚上八点从贡叶茶厂出发，几分钟就到了。李政明家的大门敞开着，角落里关着的狗听见我们走路的声音狂吠起来，这时出来一个年轻的女人，很客气地问我们所为何事，听说我们找李政明后，就把我们带到一楼的厨房（也是餐厅）。李政明正和家人围着桌子吃饭，得知我们要采访他，连忙摆手，说“我不会说话”，意思是嘴拙，不善于表达。迎我们进门的那个女人，又领着我们去到二楼的客厅，说等会儿他吃了饭就上来。后来，得知她是李政明的儿媳妇，是勐宋乡蚌岗人，刚好是2018年我们采访过的李振华的表妹。

大茶园

从军医到乡村医生

我们坐在茶桌边等李政明，被墙上的一张照片所吸引——那是一张战友聚会的照片，被放大、装裱后，挂在他家最显眼、最中间的位置。

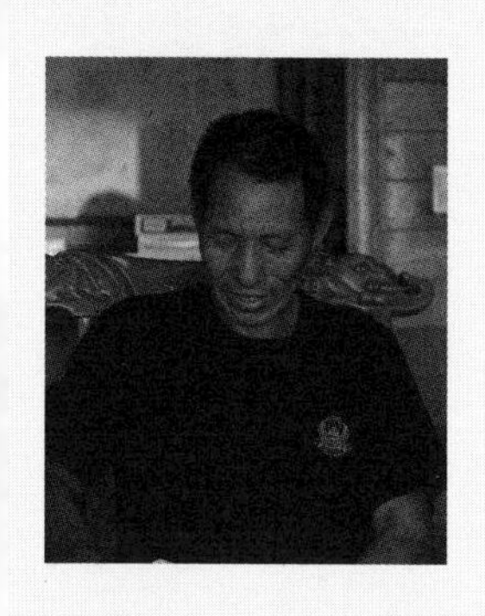

李政明提起从前的当兵经历很是自豪

8点20分，李政明吃好饭上来了，当我们问及那张照片，才知道他以前当过兵。李政明1961年出生，1977年应征入伍，他说当兵之前只见过一个汉族人，后来听说当兵好，就选择去部队了。“当时（这个片区）我们有39个新兵，坐部队的卡车从勐海到昆明，坐了四天才到，”李政明说，“我当兵的时候才16岁，身高1.42米，体重47公斤，又瘦又小。驻地就在昆明。在部队训练三个月后，下到基层做后勤——炊事员，七个月后又被调到（部队医院的）外科学习，会做小手术。”

李政明当兵的时候正逢对越自卫反击战，他的身份变成了外科卫生员。如果你对这个名词有点儿陌生，那么不妨参考菲尔·奥尔登·罗宾森等导演的战争电视剧《兄弟连》中的尤金·罗·库伯，或者梅尔·吉布森导演作品《血战钢锯岭》中的戴斯蒙德·道斯，他们都是卫生员，只不过在这些作品中有另外一个我们熟悉的称呼—救护兵。李政明也在战场上做过救护兵。“野战医院有三个医疗所：第一医疗所是要上战场的，第二医疗所是前线的后方医院，第三医疗所就是守家（基地）的。我（当兵）是上过战场的，那是在1979年，就在麻栗坡，我当时还救了两个勐海人，现在那两个人已经去世了，（他们）因为打仗落下了残疾，”李政明说，“我从43医院调到了72医院，72医院以前是野战医院，后来因为不打仗就撤掉了，现在没有了。72医院当年设在宜良县，驻地就在汤池老火车站附近。”

当了四年兵，1981年，李政明退役，回到了布朗山，回到了老班章村。

因为有军医的经历以及基本的外科处理能力，退役回来的李政明兼任村子里的外科医生。“寨子里，一般的小手术只有我会做，比如被刀砍到、轻微的枪伤（过去，村民持有猎枪）、骑摩托摔伤等，我都可以处理。在整个勐混镇，只要是我能处理的，当地医院（勐混镇卫生院）也能处理；我不能处理的，他们也没有能力处理，只能往上送，送到勐海县城的医院去处理。”说起医治能力，李政明透着从容与自信地说："我现在正在医治的病人有五个，其中一个是被狗咬到，我帮他打狂犬疫苗，还有一个是被刀砍到，我帮他缝合，后天他就得过来拆线了。只要是外科相关的小手术，我大多都能处理。"

"你怎么收费？"

"看面子随便收一点儿。"李政明说。想想也是，一个是同村，一个是大家都不缺钱，他也不靠看病来赚钱，单茶叶的收入就够他们用了。

而李政明，对村里人口的健康状况、个体体质也是熟稔于心。在老班章 142 户（含没有门牌号的）的 600 多人中，青霉素过敏的只有一个，如果是从外面嫁进来的、上门的，就需要做皮试后才能打青霉素。"我从 1981 年退伍回来后发现，只要是我们老班章本地土生土长的人，可以说起码 99% 的人不会得（患）糖尿病，"李政明说，"（这里）富裕后，得富贵病的（人）主要是受外出应酬的影响，直接死了的都有，但是（这种）极端的情况比较少；我们当地人，（现在，如果生病）个人的医保可以报销的比例高达 75%。"

从手扶拖拉机到兰德酷路泽

大概李政明没有想到，其实我们以前采访过他，只是这个"以前"有点儿久远，已经超过十年了，那是 2008 年的时候，他去参加南糯山石头寨阿卡老伯斗茶大会。

那一年，老班章村只有 117 户人家、540 人，当时每家能产 700 公斤左右的干毛茶；那一年，陈升号投资 100 万，帮老班章村修路。也是那一年，老班章人还在养牛，成年的水牛一头能卖 6000 ~ 8000 元，黄牛一头能卖 3000 ~ 4000 元。李政明家当时有 20 头黄牛、5 头水牛，而 2005 年的年收入只有 400 元，每年靠卖 2 ~ 3 头牛维持生计。而那些牛，当时是"丢"（野放）在山里，一个月去看一次。

这次采访的时候，早已看不到过去时的景象了，皆因老班章村的茶。但不论过去还是现在，李政明都属于村里的能手。

1981 年，李政明从部队退伍回来后，开始了个体户的人生。回来一年后，老班章村里还没有碾米机，当时虽然分了土地、牛，但全村的收入才 400 元，路也没有修通；1984 年，他自己贷款 2400 元，去景洪购买拖拉机、碾米机。“还款还了 9000 多元，到 2004 年才还清贷款，”李政明说，“手扶拖拉机的价格是 2377 元，那张单子我到现在仍保留着。”

买拖拉机的款项解决了，可如何开回来也是一个问题。当时没有路，但这也没有难倒李政明，没有路，就挖路，他硬是一边挖路一边将拖拉机开回来了。而开回到老班章村的这辆手扶拖拉机，开创了整个布朗山乡的第一。说起这件事，他无比自豪：“我是整个布朗山乡第一个拥有手扶拖拉机的人。那时候，整个布朗山乡总共才有三辆手扶拖拉机，政府食堂里有一辆，派出所里有一辆，另外一辆就在我这里。（当年）章家三队的茶树苗就是我拉过去的。”

碾米机买回来后，全村的稻谷都集中来他这里碾米。碾米机是他贷款买的，碾米自然也要收费。“50 市斤收费 5 角钱，虽然也赚钱，”李政明说，“当时的人工费是一天 5 角钱。”

李政明家的院子很大，停了三辆车后，依然显得很空旷。他说福特越野车（撼路者）是儿媳妇开的，还有一辆江铃皮卡车，而那辆兰德酷路泽越野车则是他自己开。我才想起，来采访之前的有一天黄昏，我们走到他家门口时，刚好遇到他开车回来。我们没认出他，还站在他家门口避让他，结果他用手指了指自己家的大门，我们才反应过来挡道了。而采访之后的又一天黄昏，我们在村里散步，再次遇到他，他则骑着一辆摩托车回来，跟我们打招呼。

村里的账本

也是在李政明退伍回到老班章村后，他第一

个搞自来水，跟上级政府申请了140万资金搞自来水项目，全村人都喝上了自来水。直到现在，村里有40户人家的喝水问题还是他在管理。

2011～2014年，李政明做过一届老班章村的村副主任，共三年，按他的话说就是，“已经出来（离开）了两届了。”与他搭班的是和森，和森做村主任，两人是同一届。“在辈分上，我是和森的爷爷。”李政明说。

后来得知，多数人并不太愿意做老班章村的村干部，尤其是茶叶价格渐涨的时期，虽然有工资，但跟自己家的茶叶收入相比，完全可以忽略；当村干部要操心村里的事情，遇到事情要处理好，但往往很难让所有人都满意，花了时间、精力，再对比茶叶价格，当村干部确实没有太大的吸引力。

李政明在任期间，村里三年换了四个会计，因为记账的问题。在他的上一届，村集体还有7万元的欠账，那是跟村民借的。从2013年开始到现在，每年村集体都有240万元的收入，这些收入是村里将部分土地承包出去换来的。

“村里的商店、饭店总共四个门面，每个门面一年4万元的租金，一年总共16万元，这个收入也是归村集体，”李政明指了指旁边的房间说，“以前，我也在这里开饭店，后来不准开，要统一（对外招租）。”村里为了保证招租后的饭店利益，禁止村民私自开饭店，所以也就缺乏竞争。我们也吃过，那水平，与老班章茶叶相差十万八千里——难以下咽。

自己的账本

作为老班章村做茶时间最久的一个人，李政明清楚村里的事情，更清楚自己家的事情。我们唯一的障碍，就是语言，但收获还是非常大的，一条条理顺下来，就像他的账本一样，也足够清楚。

他经历过几块钱一公斤茶叶鲜叶的时代，而且并不遥远，那是 2001 年 ；也在经历着当下近乎奢侈品价格的茶叶致富时代。他自己家现在一年的茶叶产量是 1.5 吨（干毛茶），熟悉老班章茶叶价格的人都知道这意味着什么，远胜过很多上市公司。

“你们看到的那片荒山，（村里）每人分 5 亩，叫西南桦地。”对于我们说到的荒山，他一点儿也不陌生，就像他自己家的茶园总共有 64 片，哪片在哪里，从不会搞错。尽管富裕，但李政明并不会闲着，一辈子喜欢“折腾”的他，现在依然如此——过去他还会打造镰刀呢。春茶季是最忙碌的时节，再能干的人也需要请工人来帮忙，“春茶时工人每天 130 ~ 150 元，夏茶时工人每天 100 元，管吃管住，常年干活的工人有五六个，”李政明说，“一个春茶季，要杀 9 头猪，每天平均有 50 人吃饭。”当然，猪是他自己养的，还养了 300 多只鸡，还要酿酒。酿酒是在大女婿家，他是村里的民兵排长。酿一次能产 1.5 ~ 2 吨酒，够喝三四年，但要放一年才喝。酿酒也是请工人酿，李政明只负责指导。

李政明指导酿酒，也指导自己的家庭走向。

2005 年，因为看到电视上的学校招生广告，他将儿子送到福建去上学，那是一所文武学校，也是一所贵族学校，费用不菲。“（他是）整个勐海县的第一个农村娃。”对于当年的气魄，李政明现在好像没有褪去一分；仅仅是看了广告就做出这样的抉择，确实需要胆量。他儿子高中回来半年后，继承了他的衣钵，先去当兵（驾驶兵），退伍后跟着他做茶。

“（他）现在还有福建口音。”李政明笑着说。当晚我们并未见到他儿子，倒是喝了不少他用蒸汽煮茶壶煮的去年的春茶。

他有 13 棵树龄较久的古茶树，跟老班章茶王树树龄接近，深圳的客户为他的这 13 棵古茶树起名为“十三钗”。

我们的采访就在一杯杯去年的春茶中进行，要知道，这是 2 万元一公斤的老班章茶叶啊！喝得意犹未尽，聊得也意犹未尽。

李政明送我们到楼下，我走到大门口时，问：“需要关门吗？”

“自动的。”他说。

李政明在古茶园里查看茶树
生长情况

和森在茶园查看

茶农 和森：老班章制茶人

为了吃口自己种的老品种稻米，和森与自家两兄弟，花了上百万元，在村外一片沙地上开荒出三块稻田。来老班章村路上，要经过勐混坝子，大片大片的水田是好风景，也是优质水稻的代名词。所以，我还是有些疑惑，买来吃岂不是更方便，也更省一些成本？

和森摇摇头说："不一样。"毕竟是自己挖出来的田，自己栽出来的稻米，吃着香。

"新品种的水稻，产量大，但不好吃。"

我们在田坝上走着，稻田四周都是山，这块地是从河谷里开辟出来的。另一户人家在另一侧也开出了大片田，田里种了苞谷。主要是为了酿包谷酒，主人家两口子在修路，已经挖了好几周。不挖好路，不修好水渠，进入雨季就是灾难。

距离间隔有些远，和森用普通话喊着交流，修路的男人是江苏来的上门女婿。这是修路挖沟季，不用采茶的茶农闲置下来，有些出门远行，有些在勐海带孩子，还坚持在地里的，大部分是有干农活的经验和有田园情结的70后。即便是在农村，许多80后和90后都没有下过地了。1978年出生的和森开玩笑说，他们可能是最后一代农民。农民要做的事情很多，但最重要就是与田地打交道，俗称"修地球"。

茶农是专业化了的农民，主要工作是与茶树、茶园打交道。

老班章茶农这些年大部分人都去勐海开店，还要与茶店打交道。我忽然想起哈尼族缔造的大奇迹元阳梯田，那里的哈尼族就是米农了吧？哈尼族爱吃米的最大佐证大约就是在山区挖出一片片水田。在山区，要是不种水稻，仅仅种土豆、苞谷，就不用引水入田，也就不会有那么多麻烦。

水田对面有一处鱼塘。有一间可以休息的简易房。还有一片茶园。这是和森的“秘密基地”。我们抵达“秘密基地”的时候，一场大雨刚停，和森才在一楼撒了几把玉米，那些山里散步的走地鸡便从四面八方奔袭而至。

有只鸡在远处观察我们，确定来者无缚鸡之力，才勇敢地走到进食场。

可是，今天吃鸡完全是不得已啊！

勐海全县闹猪瘟，没有人敢吃猪，也不允许杀猪了。牛肉价格飞涨，勐海烤鸡也是销量翻番。今天最不巧的是，和森那位广西女婿香哥，猫在鱼塘一个多小时，一尾鱼都没有钓到！真是伤心透了！更难过的还有和森家屋顶上的老品种薄荷，再过几天就老了啊。

鱼不上钩，和森猜测，是因为下了雨，山上冲了不少肥料到鱼塘，鱼吃了一个大饱。

“老班章村的鱼会越养越瘦，这里水太冷。鱼长得慢，肉质细腻，好吃，甜嫩。”和森年轻时候在万州当过兵，对那里的鱼念念不忘。于是我们约定，一定要去万州做一场吃鱼品茶的活动。长江里的鱼与澜沧江的茶，都是令人垂涎的美味。

山中小屋里没有手机信号，可以看太阳能信号的电视。有一张可以睡觉的床，喝多了就小睡一会儿。和森一上到二楼，就张罗着点火，易燃的塑料袋先烧起来，有些回潮的木柴紧随其后。有客人来了，火塘里的火要更旺。他找出一些瓜子、干果分给我们，握着云南山泉塑料瓶，问要不要来点儿自烤酒，我们都摇头。酒是在勐宋买的，后来去贺开也买过自烤酒。和森对自烤酒的要求只有一条：纯苞谷酿制。喝过勾兑的，醒来头疼。

在和森的一片茶地里，他挂了很多牌子，不同的牌子采摘时间不同，采摘方式也不同，当然，茶树的大小不同看也看得出来。以前这片茶园有茂盛的森林，因为种茶砍了不少。和森很内疚地说了声抱歉，我想这不是对我们，他是对茶树、对茶园说的。这片茶园有三家主人，每家的茶园管理都不一样：有的人家除草勤，地里难见植物；有的人家崇尚自然力量，任其肆意生长；有的人家喜欢修枝，茶芽密密麻麻地堆满了树枝。和森说他属于自然管理，每次来就拔拔草，其他一律不管。

尽管白天没有钓到鱼，但有走地鸡吃，不也一样吗？晚餐从晚上 7 点吃到 12 点，我吃着勐混镇上的烤串，又喝了酒。和森是老班章百科全书式的人物，他了解土地资源的分配、哈尼族的习俗，以及村民性格。

墙上挂着“和森牌老班章”普洱茶，品牌标志是和森头像剪影与字体的结合，这是一种很流行的设计方式，广告语是“老班章人，老班章茶”。2018 年云南省茶业大会上，和森受邀去参加一个活动，他侃侃而谈，令人印象深刻。同台的有省里的领导、农业厅的领导，还有茶行业协会成员，以及其他知名茶商。在这场茶会上，时任云南省农业厅厅长的王敏正先生说：“一个人喝茶，和心；两个人喝茶，和气；一家人喝茶，和睦；全国人喝茶，和谐；全世界喝茶，和平。”2019 年 5 月 8 日，云南省人民政府阮成发省长到老班章视察，盛赞老班章是云南茶产业的一张名片。

第二天，和森要去沈阳参加茶博会。在俊男靓女的簇拥下，和森笑得很是羞涩。

茶农李学忠

茶农 李学忠：如何通过一片鲜叶分辨老班章茶叶的真假

大茶园

1967 年出生的李学忠看着比较壮实，说起话来不急不慢，声音透着沧桑，带着群山的浑厚，很有穿透力。

1989 年，李学忠开始做茶；这一开始，就是几十年。以前，他在大益的万亩基地打工，在车间工作，负责鲜叶的杀青。陈升号入驻老班章村后，他负责质量的管控，主要是鲜叶品质的把关，由此练出了一手甄别老班章茶叶的绝活。仅仅看鲜叶，他就能看出是不是老班章的茶叶，以此防止有人假冒，帮厂家把好原料关。至于怎么看鲜叶，他说主要是看鲜叶边缘上的刺，老班章鲜叶的刺比较细、比较长，并且背上有绒毛、叶面光滑。“（鲜叶在）袋子里时不看，要倒在箩筐里的时候才看，上、中、下（箩筐的层面，意为不同的深度）地看，”他说，“看干毛茶反而看不出来，但看鲜叶，一眼就能看出来。”

过了一会儿，李学忠又补充说：“新班章老寨有一块地的鲜叶看不出来。新班章的茶叶有点儿涩，老曼峨的茶叶偏苦，老班章的茶叶也苦，但化得快。老曼峨有一块茶地紧挨着班盆，但口感不一样，应该是种植的问题。”

“以前鲜叶杀青（自己）不会调温度，”他说，“现在用煤气，学会了调温度。”

“茶农与陈升号合作的话，签合同五年一次，到期后可以从合作社退出来，选择自己出售茶叶给其他客户。”李学忠是2009年3月参加陈升号，2018年11月退了出来，“参加陈升号的（茶农），按人头，每人可以拿25公斤鲜叶回来，用以招待朋友，因为原则上，一旦签了合同的，就必须将所有的鲜叶上交（出售）给陈升号”。而那可以拿回来的25公斤鲜叶，就能够做出6公斤左右的干毛茶，用以自喝、招待朋友，这也是人性化的安排，总不能自己种茶树、做茶叶，最后还要买自己村子里的茶叶来喝。

“外面的茶叶不能带进村里来。”他也说到了这一点，这与在其他茶农家所采访到的信息一致。

李学忠给我们冲泡的老班章茶是他家“牛罗嘎渡”茶地的，他认为那块茶地的茶叶要好喝一些。“牛罗嘎渡”，以前就是牛打滚的水塘，和莽枝的牛滚塘类似。

李学忠家里的茶园分为三四处，一小片一小片的，有的地方茶树好一点儿，有的地方茶树不太好，搭配着卖。他们家现在拥有的这些茶地，是2005年村里分配的，总共有40多亩；当时分配茶地，是按人数来分，一个人10亩，谁家人口多，就能多分一点儿。

“30年后再分一次，本来说是50年，后来（村里的）人口增加了，就改为30年，”李学忠说，“（茶地的）位置不变，减掉去世的人、加上增加的人，最后就是最终分配的茶地面积。”

分配茶地也比较科学、人性化，“先评估面积有多少亩，再保住自己最想要的那块茶地，剩下的茶地就抽签，比如三亩、四亩，以此来进行统计、分配，这样，村民也就不会抱怨。”李学忠详尽地给我们解释。

“私人之间的茶园可以转让，但必须转给村子里的人，不能转给外面的人。”他强调道。

对于茶园管理，李学忠说：“（老班章村）最近五六年开始（给茶树）松土，一年松一次土，也会除草，但不能修剪茶树——茶树顶端部分不能修剪，茶树下方能修剪。村里会根据实际情况来决定

（要不要松土），松土的话土质会比较肥，（茶树）发芽也比较多。”

过去，村里养牛、养猪是很普遍的，但现在不准养牛，李学忠说：“担心牛毁了茶树，一头牛只够赔偿人家的一棵茶树。”但养猪还在继续，猪对茶园、茶树没有破坏性。李学忠家也养猪，春茶的时候杀一头,雨水茶的时候杀一头,过年的时候杀一头,都是自用。

对现在流行的工夫茶，他倒是有点儿微词，直言不太喜欢，“人多的时候，（工夫茶）泡茶都泡不赢，忙不过来，感觉喝不饱，喝着不过瘾”。相比工夫茶，他更喜欢老一辈的喝茶方式，即用大壶煮着喝，水倒进去，再抓一把茶叶进去，喝起来更浓，也更香。

对他来说，大壶煮茶好处很多，家里有喜事的时候，不但一家人可以喝，亲朋好友也能喝，并且比较轻松。他说煮一次可以喝一周，晚上煮好，第二天早上起床了也可以喝，喝冷茶也没事，不会出现身体不适的状况。当然，他更喜欢喝老班章的茶，觉得外面的茶不好喝，即使去外面也会随身带着老班章的茶叶，想喝就喝。

“临沧的茶有点儿甜，”他依然不紧不慢地说，“还是喜欢老班章的茶。”但老班章的茶也有缺点，就是“茶气太足，胃寒的人不太敢喝，（喝了）晚上睡不着”。

遇到结婚、上新房等大型活动，他们还有一种饮茶方式：用一个类似纱布的东西把茶叶包起来，放在一个很大的玻璃杯里泡茶。这种方式，明显的好处就是能解决多人同时喝茶的问题。

遇到采摘茶叶的时候，工人也多。李学忠家忙的时候请了 9 个工人，一般会持续 20 天，每人每天 130 ~ 150 元的工资，管吃管住，还要管烟管酒，缺一不可。“给的工钱就是装在包包里的，纯收入，”他说，“以前还能请到缅甸的工人，价格要便宜些，对方听得懂哈尼话、拉祜话，但现在不准请了。”

李学忠有两个儿子，老大叫李学华，28 岁，有一个孩子，即将满一岁；老二叫李学清，23 岁，结婚比老大早，有两个孩子，大的已经 3 了岁。我们在村里看到的那栋堪比城堡的新建筑，就是李学忠的大儿子修建的。

“老班章，一年到头不会太热，也不会太冷。”李学忠说，他自己更喜欢住在老班章村，他儿子更喜欢住在县城。对于经历过赶着牛驮着茶去大队出售的他，经历过两块钱一公斤干毛茶的他，早已习惯了老班章村的生活，与群山有着相濡以沫的默契，随意、平常的每一天都踏实，都安心。

李学忠能分辨出老班章的鲜叶

茶农 李海荣：老班章熟茶先行者

茶农李海荣

大茶园

我们刚到李海荣家的时候，他戴着安全帽，穿一件工装外套，正在把今年的谷子放进仓库里。脖子上还围了一块毛巾，甚是专业的样子。

把仓库门关好，又有条不紊地把自己的安全帽、毛巾、外套一一放好、挂好后，他才把我们领进茶室。一坐下来他便问："你们要喝生茶还是熟茶？"

这句话在茶城随处可听闻，在老班章我却是第一次听到。茶农们习惯喝大壶煮黄片，没有客人来几乎不会去动盖碗泡生茶，更别提熟茶了。对于喝了几天强劲生茶的我们来说，熟茶像是福音，光听着名字胃就觉得舒服。

第一次听说"老班章熟茶"是在 2017 年，从 2015 年开始就陆续出现的山头熟茶，让普洱茶从业者似乎发现了美丽新世界，各大山头熟茶陆续登上舞台竞技，从景迈到勐库，从易武到布朗山，山头熟茶的门槛一步步上升,但老班章一直是人们心中的高岭之花，少有人敢去触碰。

为什么？因为代价太大了。发酵老班章熟茶，像一场豪赌。目前熟茶的制作工艺一般以大堆地面发酵和小筐发酵为主。以夏秋茶 5000 元一公斤的平均价格算，小筐发酵熟茶通常需要 80 公斤，即 40 万元；一般的大堆发酵需要至少 300 公斤，即 150 万元，再加上 20% 的损耗，实在不是一般人敢参与的游戏。所以这场赌桌上的参与者，通常是实力雄厚的企业，很少见到个人。

李海荣则是赌桌上的一位大冒险家，他下的注更大，一次发了600公斤。不过，为了降低风险，他选择和自己的表弟分摊，一人出300公斤。这600公斤是他们兄弟俩花了3年才凑齐的。

李海荣也曾经是喝不惯熟茶的一员，和朋友喝茶也不爱喝，因为有客户曾问过他有没有老班章熟茶，他从2011年开始才慢慢学习喝熟茶。去勐海的次数多了，交流多了，才逐渐懂得熟茶的优点，这个“老班章熟茶计划”才逐渐成形。其实他一开始也很犹豫，毕竟投入颇多，自己也没有发酵的经验，要是发酵失败了怎么办？发酵出来不好喝没特色怎么办？

顾虑又让他把这个大计划推迟了几年，2018年他终于不想再等了，通过姐姐在勐海找到了可靠的发酵厂，600公斤毛料正式下堆。为了不让自己失望，他在原料中又加入了一些春茶的料，实在是下足了血本。经过半年的等待，35号老班章熟茶第一次出堆，效果喜人，李海荣这次打赌，赢了。

但他只卖出去300公斤，余下100多公斤，他打算自己留着，看看之后会有什么变化，也拿来和他的其他客户、朋友交流。我们也因此有幸喝到了眼前这杯醇厚的熟茶。滋味很立体，舌尖先是感到苦，继而是厚重感包裹住舌头，最后泛起微微的甜。

我问他现在喜欢喝生茶还是熟茶，他的回答已然是个老茶客模样：“都喜欢，分时间段，每年秋茶结束之后我就不太喝生茶了，比较伤胃。平时晚上我比较喜欢喝熟茶和老茶。”说着，便拿出桌上另一包塑料袋装的茶，里面有一块客户送的老茶砖，还有另外一小块目测仅能泡一泡的茶。“这是2006年的毛料，留了10年才压饼，压的时候那股香气现在我都忘不了。但我犯了天大的错误，被高压蒸汽一蒸，那股香气就没了，气死了。”

正巧熟茶喝过十余泡，苦味已基本退去，只剩淡淡的甜，问能不能试试老茶？他倒没有犹豫，熟练地清洗盖碗，放入这最后一小块珍藏的茶。这些茶本来都是放在李海荣勐海家里的，春茶时节要接待客户，他便带了一饼上来，每人来掰一点儿、喝一点儿，春茶季结束，这饼茶就基本喝完了。2006年的老班章茶，茶汤里有浓浓的木质香，入口有独特的甘甜，甜中又透着星星点点的苦，比起新茶轻盈透彻了很多。我一直不太习惯老茶的陈木味，不过，如果这是广东人一直追寻的味道，那么我似乎可以领会到一点儿他们对老茶的痴迷。

每年做完茶，李海荣都会留一些茶存在家里。茶桌上有一个刻着他名字的紫砂存茶罐，李海荣说这是一个无锡的朋友送他的。今年他想找这个朋友定做几个大的存茶罐，用两棵单株换。

浸淫在茶中多年，小时候跟着舅舅去新班章卖茶的场景仍历历在目。1998年，李海荣坐着拖拉机第一次前往当时的村公所——新班章，那里有布朗山地区少数几家茶叶收购站。

“当时我父母不让我去，我就趁着他们上楼抬茶叶的时候，赶紧上车偷偷用茶叶袋盖在我身上，”说起这些，李海荣脸上露出了那种小朋友恶作剧成功似的笑，“以前老班章小卖部很小，听说村公所有个大点儿的小卖部，就特别想去看看。就像现在大家都想去大城市看看一样。”

不过，他在去了之后有些失望，那里好像不过如此——就多了个茶厂，茶厂旁边有个大一些的小卖部。以前收茶主要看外观：条索好看的，亮亮白白的是一级，13元；二级的没有黄片，光泽度差一些，11元；三级10元；还有级外茶，5元。在从前的老班章村村民眼里，茶叶只是旱稻、玉米等果腹食物之外的一些补贴。

2008年，当老班章村从谷底再次跃上高峰时，他和村里一位退伍军人成立了20人的民兵团。春茶时，他们每天都在村子周围巡逻，以防有外面的人带着茶进来。在村子附近的小路上，也有哨兵。为了训练团员，他们每天都在村子里跑步，一开始只能跑4公里，两年后，10公里不在话下。

2018年，李海荣从服务了8年的民兵团中退了出来，想专心做茶。

他背后挂着民兵团团员在老班章寨门的合影，他此时穿着和合影中一样的迷彩服。

杨红忠一有时间就往山里跑

茶农 杨红忠：闲不住的巡山人

杨红忠家就在一个坡道边——这样说好像不准确，因为老班章村的多数人家都是在坡道上，依山而建的村子，同样依山而建的房子，一栋挨着一栋，实在没有明显的特征。唯一能让杨红忠家与别人家快速区别出来的，除了门牌号，就是他家墙头上的三角梅，长得特别旺盛。

杨红忠家里只有三个人，老两口和他们的儿子。因为采摘夏茶比较忙，他们一家人是忙不过来的，所以他儿子大清早就开车去外面接小工了。我们上午十点到他家，没有见到他儿子。他儿子只有20岁，也是跟着家里做茶；但平时都是住在县城，也只有茶叶采摘的时候才回老班章村。

"今年春季干旱、雨水不够，（茶叶）减产了，"杨红忠说，"去年的春茶产量是500多公斤（干毛茶），今年只有400公斤。"可熟悉老班章茶叶行情的人都知道，他这400公斤春茶价值不菲。他给我们冲泡的也是今年的古树春茶，只留了几公斤自己喝，（类似这种茶）价格是一万五千元一公斤。我们一边喝一边聊，茶味极为浓烈，但苦涩化得确实快，喝着很过瘾。有一点我没想到的是，他的手机玩得特别溜，观念也特别新，就在我们采访、喝茶的时候，他顺手拍了一个视频，说要发到朋友圈。

杨红忠家里共有40亩茶园，但比较分散，由很多块茶地组成，东一块、西一块，大小不一，一座山有一个名字，茶地的名字也随了山的名字。山上有什么（特征明显的东西）就叫什么，以至于有些茶地的名字，连他自己都不知道叫什么、是什么意思。他一边给我们介绍，一边说我们分不清的，意指我们这样问是搞不懂的；也是，他说了半天，我也只记住了“熊利亚”“拔努拔玛”这两个名字。

杨红忠今年刚好50岁，但加工茶叶已经有20多年了。他说他没有卖过鲜叶，自己是摸索着学会了炒茶，以前做茶是乱做的，非常随意，没有灶台，有锅就行，随便在地上把锅支好就可以炒茶，左边一锅、右边一锅。现在则讲究多了，也会压饼，但只能在寨子里压饼，不能拿出去寨子外压制，他特别强调“拿出去不行”，意思是如果拿出去了，别人就不承认是老班章的茶叶了。

对于茶园管理，杨红忠说，除了三四月，其他时候都会除草；十一月会育苗，因为收到了茶籽，补种或者新开的茶地，育好的茶苗不卖给外面，因为老班章茶树的茶苗种到其他地方，没有老班章的味，而外面的茶籽种到老班章村，也会有老班章茶的味。

他种茶的时间比做茶更早一些，他17岁时就开始种茶了，那个时候还没有结婚。结婚后，当年种下的茶树就归自己了，稍后，他又补充说，一半留给父母，一半留给自己。而“当年种的茶树”，现在已经属于中树了，在很多小产区或许不值钱，但在老班章村，依然是不可忽略的财富。

“今年价格高的茶叶每公斤卖到了2万元，单株更高，到3万元，”杨红忠说，“最大的一棵树做了3公斤。”他没有和陈升号签约，因为他有自己稳定的客户群体，他说自己有几十个客户，有北京的，其中一个客户拿了上百公斤茶，不管大大小小（树龄的长与短），混采；有一位杭州的客户，每年固定在他这里买100公斤茶，已经连续买了7年了。

对于现在的行情，杨红忠还是比较满意的，聊天的时候一直带着笑意。相比于过去，已经翻天覆地了。20世纪90年代，一级茶叶8元钱一公斤，还得自己用牛驮到村委会（新班章）去卖，因为周围只有那里有茶厂收购；当时的村委会，会收购老黑二寨、老曼峨、老班章等地的茶叶。2001年“分家”，不管谁来买茶叶，只要价格合适，他们都卖。这几年，大益茶厂也来收购茶叶，还有老勐海茶厂，量少一些。

20世纪90年代，交通不方便，茶叶价格也很低，日子不好过，蔬菜是自己种来吃，还得养猪养牛，一头牛能卖几百元钱，娶媳妇比较困难；村里有嫁进来的，也有嫁出去的，后来茶叶价格起来了，村里允许（嫁出去的）进来，但不分茶地。

杨红忠没有哈尼族的名字，本来就是姓杨。我问他：“你家在村里的生活水平属于好的，还是一般的？”他说：“属于一般的。”

6月24日清晨，我们离开老班章村。到班盆的时候，小马哥说，前面的车就是杨红忠的。他的车一直在我们的前面，因为下山的路都是弹石路，比较颠簸，又遇到其他车从各个路口并道，我们无法超车，一直跟在后面，直至勐遮坝。到正规公路的时候，我们又再次追到了他的后面，他左转，往打洛方向走；我们右转，往县城方向走。我突然想起老班章村里看到的限速标识——“限速10”，忍不住笑了出来，对于布朗山的众多车神，都可以决战秋名山了，那个限速标识更像一个善意的提示：我们是有规定的。

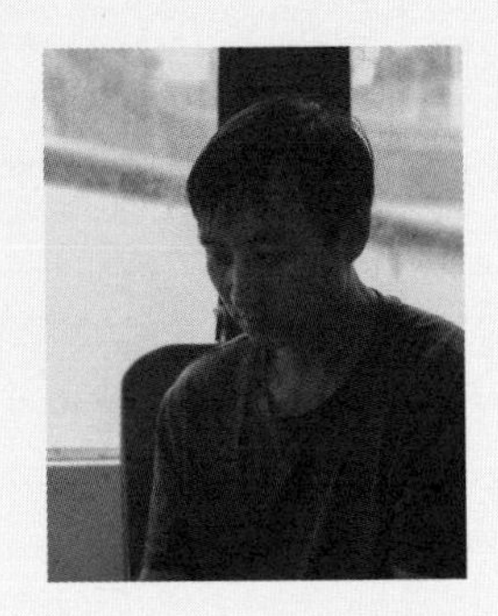

李红文非常好相处，给人一种相见恨晚的感觉

前厂长李红文：从大益到贡叶，茶心不变

大茶园

有些人，见与不见，并无区别；有些人，未见，却很期待，因为他们经历不凡，且低调、务实、言而有信。对于后者，未见，便已心生好感和仰慕。李红文，就是我想见的那类人。

2019 年 6 月下旬来老班章村的时候，在贡叶茶厂想约当时的厂长李红文，并未约到，厂里的小马哥说他平常住在勐海，做茶的时候会来厂里，现在是夏茶，厂里不忙，所以这段时间李红文来厂里的时间并不多。之后我们返回昆明时，也没有见到他，尤其是听说贡叶茶厂“三顾茅庐”后才请到他，愈发让我想见见这个人。

8 月 4 日，我们再来老班章，到达的第二天早上，同事说今天李红文可能会来，让我在厂里“蹲点”守着他，万一他来了，就“跑不掉”了。厂里的朋友还提醒我，他开一辆皮卡。

上午十一点左右，我在大厅里听见外面车响，回头一看，正是皮卡；尽管之前从未见过李红文，当看到了那个穿蓝色圆领 T 恤的中年男子，就感觉应该是他。等他进到大厅，我看得更清晰了些，给我的感觉是没有一点儿架子，完全没有一个厂长应有的姿态——厂长的姿态是什么？

此时，厂里的朋友介绍说，他就是贡叶茶厂的厂长——李红文。没有过多的寒暄，没有多余的礼节，我们坐下来，一边喝茶，一边聊天。

李红文是土生土长的勐海人，只是他并没有像很多人一样追求生活的方便，选择住在县城里，而是一直住在乡村，距离县城有几公里，就在大益庄园，可以兴茶厂附近。1973年出生的他，在1995年进入大益茶厂（当时叫勐海茶厂）。那时候，他刚刚高中毕业，面临人生的选择，最终选择了进茶厂工作。“当时想，其他选择的最终目的也是为了工作，那还不如现在就工作，”他补充说，“只是为了一份工作，所以进国企还比较稳定——有家人在里面上班，我是被家人介绍进去的。”

“刚进去（茶厂）的时候，我是不喜欢茶的。当时比较单纯，刚从学校出来，进入社会，也不会多想什么，”李红文说，“尽管有师傅带，但你知道，在茶制作领域，文字上的描述与实际的情况有时候会有差距的，（文字描述）感受不了，还是需要自己去做，才能真正理解制茶工艺。”

“我是先做茶，后爱上茶，到现在是离不开茶。”对于他说的这点，我不会有疑义，倘若不爱，不深爱，是很难在这个行业坚持到今天的——24年，从初出学校的青涩小伙到现在宠辱不惊的中年大叔，茶叶成了他的挚爱、信念。

在物理学上，三角形是最稳固的；而在李红文的人生中，“两点一线”的生活是最稳定的，茶厂——家、家——茶厂，仿佛外面的世界与他无关，想想也是，他心里装着的，是那片轻盈的茶叶、那堆小山似的茶叶、那饼不轻也不重的茶饼。“做茶是最好玩的，也是最不好玩的；茶是不会听你话的，人跟着茶走就对了，事情需要磨炼，这样才能知道它的脾性，做起来才能顺手。”李红文说。

投身茶叶，也享受茶叶带来的乐趣，这份纯粹，需要一颗清澈、坚定的心，远离了浮躁，甚至远离了复杂，愈简单，愈极致。这正是这个社会缺乏的匠心精神，知易行难，现在依然如此。

从1995年进入大益茶厂，从最基础的小工到生产部的经理，到2016年辞职出来，一干就是21年。“我也收获了很多，大益茶厂申报非遗，我就是非遗传承人。我是一个农村孩子，20年的时间学到了技术，该学的也学到了，还收获了一个温暖的家，很知足。”李红文说。对于老东家，他也是赞不绝口，“从大的方面来讲，它是国企，在文化、硬件方面都有一定的基础，有技术、有标准，是行业的标杆，像7572、7542就是市场上认可的经典产品，‘勐海味’套到大益上，还是名副其实的。（现在的大益茶厂）一直延续总公司的拼配技术，产品有三类，一类是大众产品，以拼配为主；另外两类是纪念型产品和收藏型产品，以山头茶为主。”

辞职出来后，李红文自己做茶，但不到两年，他的人生轨迹再次发生变化。2018年，版纳石化启动老班章茶叶项目——贡叶茶厂，需要一位经验丰富的制茶人来把关、负责，于是找到他。先是柳天伟找他，他说那个时候就去老班章村看了两次了，没同意，“我要做自己的事情，忙不过来，怕分心，怕最后做不好事情，不好交代”。后来，柳天伟女儿找到他，第一次找到时，他说没时间；第二次找到时，他还是回答没时间；第三次找到时，他答应了，但声明“只是短暂的，只是上来‘看一下’”。

“为什么转变了？”

李红文说：“小柳是个女孩子，不懂（茶行业），虽然是留学归来，但对这个行业是陌生的。这也是她第一次做这样的事情，并且是独当一面，对一个女孩子来说不容易，我怕她吃亏。再加上我女儿19岁，觉得和她有某种相似性，于是就答应了下来。”

2018年，贡叶茶厂试产；2019年，贡叶茶厂正式投产。李红文于2019年3月来到贡叶茶厂。

“来这里有压力吗？”

李红文说：“在贡叶茶厂，我基本上就算是一个参谋……小参谋。从鲜叶进来到产品出去，在技术上指导一下所以我没有压力。这里只是一个初制所，至少目前的功能是初制所，从去年试产到今年投产，毛料（干毛茶）就卖完了。相对于整个普洱茶茶叶制作的过程，其实（这里）只做了一半，但这也是一个好事——周期缩短了。

我们也考虑熟茶的发酵，但要先理顺、站稳脚跟，稳扎稳打地去推进，摊子一下子铺大了不好弄，并且会大幅度增加成本和风险。”

“这个地方（老班章村）很特殊，比如面对基础的茶园管理还是有点儿压力的，这里的茶山跟其他茶山不一样，老百姓的条件比较优厚，茶园管理有点儿难，有些东西不好控制，准确地说，是控制不了。我们需要跟他们做思想工作、交朋友，慢慢制定标准，最后像一个向导一样把他们导过来，否则是不行的。”

聊天的时候，他说：“我随意说啊。”确实很随意——比较自然、亲切。

李红文接着说：“现在炒茶师傅配齐了，而且由技术熟练，炒茶组的组长带着他们做。今年天干，（茶叶）外形不好看、黄片多，因为鲜叶的嫩度不一样，这个是没有办法改变的。目前，根据初制所的定位，人员配置上要精简，不能太复杂，得告诉茶农我们要什么标准的鲜叶，还要告诉工人我们要什么标准的毛料。”

一生图稳定是他的追求，稳定如云淡风轻的生活，也如品质能保证的老班章茶叶。有多少人不喜欢稳定，就有多少人喜欢稳定，合适的人遇到合适的事就可以。李红文平常就是两头跑，家与茶厂，两点一线，简单得不能再简单。尽管在家，不炒茶的时候，还要发酵熟茶、压饼，但现在在贡叶茶厂，积极性要更高一些，毕竟，他答应了小柳。

他告诉小柳，这是很简单的工作（意为厂长的岗位与职责），一年就是一个固定的产量，制作环节也是稳定的、有章可循的。他很实在，本色如人，也如茶。

现在他担心的是工人不稳定，导致有时候的生产力会紧张。不过，这也是一个急不得的问题，虽然贡叶茶厂开的薪资比一般茶厂的要高，但一年到头大部分时间都是在老班章村里，生活比较枯燥，这对于年轻人来说是一个挑战，毕竟外面的业余生活更丰富些，还得遇到喜欢这里的人，看缘分。

聊起老班章茶叶来，李红文还是高度认可的。“工艺上，（这里与其他产区）基本是相同的，茶的本味与特性不同，一山一味，这个没有办法否认；至于炒制，是相同的，把握好细节就能保证正常的茶叶水准，”李红文说，“不同的人去炒（鲜叶），（结果）也一样，因为本身的东西改变不了。苦、涩、甜（回甘）是老班章的三个特点，而且比较明显。春茶的甜度、饱满度好，香气高扬；秋茶的香气好，外形好看，芽头肥壮，滋味淡一些；夏茶的口感淡，香气弱，外形上黑条比较多。”

厂里不忙的时候，李红文会回家，那里有他喜欢的生活。他说他很怀念小时候的生活场景，有茅草屋，做饭时候茅草屋上方会升起袅袅炊烟。这个话题点燃了他的兴致，这大概是茶叶除外最令他向往的了。只是现在，再也看不到了，只能在记忆里寻味。“现在县城附近还保留一处傣族人的寨子，是传统的建筑，就是我们儿时的那种，你有机会去看看，很不错的。”他一再说。

他不喜欢抽烟，酒是天生喝不了——会过敏，唯一的爱好就是喝茶。这是他的世界，单一又丰富的世界，章法有度而又随心所欲的世界。茶是他掌心的玩物，也是他唯一的玩物。茶还是他与外界连接的唯一的纽带，也是他所有情感的寄托。

他在意茶，但也只在意茶。老班章与贡叶茶厂，应是他的茶叶世界里一个新的起点，更入味。

茶园里的小冬瓜猪

新茶路
普洱茶王老班章
小日子

第二章 小日子

灭不掉火塘的火焰

小日子

今年天旱，门车很是担心。家里有 20 亩苞谷地，长势糟糕透了。苞谷收成不好，会影响酿酒。没有酒喝，这可是不得了的大事啊。

昨天好不容易下一场大雨，他去看了其中的一块，起色不大。回来路上，还被野蜜蜂蜇到手，肿了老半天。

苞谷收成不好,酿不成酒咋整？他一边倒酒,一边反复说着这话。

他劝酒，不喜欢？要喝茅台，2000 多块钱的那种茅台，我也有啊。客人带来的，要说不上头，我家酿的自烤酒也是。不相信？喝喝看就知道了。白酒的学问虽说大，但总结起来就一条：喝了不上头，不影响正常工作。

饮者常言，酒中茅台，茶中班章，但来到老班章村，所遇村民都鄙视茅台。

在老班章村，几乎家家户户都有自烤酒，这同样是一个悠久的品饮传统。历史学家何炳棣说，玉米在明嘉靖年间从缅甸一带传入云南，这种植物非常不挑剔生长环境，很快便在中国普遍种植开来。

茶区的老乡发现，玉米吃起来比大米口感略差，但烤酒嘛，就非常具有诱惑力，辣酒是茶山生活很重要的组成部分。老班章早餐店附近，每天十点不到就能遇到喝醉的村民。

苞谷是门车种的，但酒不是他酿的，酿酒的是他老婆。他带着我们去二楼门口看一家人的合影。三个女儿，两个女婿，老妈以及老婆。照片是去年照的，全家人都穿着哈尼族服装，笑容一个比一个灿烂。墙上还挂着门车小时候的照片，他有一个弟弟，还有一个小妹。照片上的父亲，不威自严。门车的父亲当了 12 年的村主任，是现在许多中年人的偶像。门车早些年当过村副主任，现在是村主任。

村主任是村民选出来的，选上一定要当，不当不行。现在全村人都怕当村干部，当了村干部，都是先做别人的事，自家事都是稍后才办。村里的事情总是很多，事不大但解决起来却略为麻烦。前夜下雨，昨一大早门车便带领村民去清理公路边的水渠了。昨晚才吃完饭，又火急火燎地赶去和村中干部讨论孤留老人生活问题的解决办法。我们去了他家前后不下十次都找不到他人影，远远地看着他开车进屋了才尾随而至。

屋内光线略暗，只有一盏节能灯悬柱而挂，但也可以清楚地看到家具摆设。

入门右边摆放的是叠起来的竹凳，它是多功能的，既可以用于待客布席，也可以倒立盛放物品。那是门车父亲编织的，这一辈都没人会这手艺了，放现在而言就显得更加弥足珍贵。门车时常回忆起父亲过去的事，脸上满是缅怀和骄傲的神色。

当然，最令他开心的还是父亲留给他的木酒桶。他在屋内找到一个，在楼梯口找到一个，在酒缸堆里又找到一个。栎树做的木桶已经发黑了，即便是泡着酒，也不会腐烂。

门车指着柱子说："这是我一刀一刀劈回来的。砍第一棵栎树的时候，是 1989 年，老婆刚怀上老大。房子落成的时候，小孩都已经 10 岁了。劈了 10 年的树，花了 5000 元请工人，才盖成这栋房子。可是现在请人拆房子就要 6 万，再盖的话要三四百万。"

几十年风雨一晃而过，被烟熏黑的柱子上满是刀痕。门车从屋里抱出一个破旧的布袋子，小心翼翼地取出了他的"三宝"——斧头、劈刀和凿子，这些就是他当年盖房的工具，都是他的"老伙计"。用斧头劈到了盖房要用的所有木材，用劈刀削平了参差不齐的木材，用凿子刨出了房子的连接中枢。正是用了这三件宝贝，今天才有缘见到这座有着特色传统的老屋。

“当时为了砍几棵中柱，我硬是在深山里住了一宿。”门车说，“一个人，连只狗都没有。”

说话间，又将黄土色的手掌轻抚在柱面上摩挲，低声呢喃着什么，我们听不清楚。而后他站立起来，指着柱子上不规则的方形木洞，说那就是用凿子一下一下凿出来的。说着，他还用力挥了挥手中的凿子，似乎一时恢复了当年凿柱子穿空的感觉。

柱洞里塞着一只旧橡皮手套，不大不小却刚好把柱洞填满，极有充实感。

十来年后，我们见证了岁月的沧桑，却难以想象当年新屋落成的模样；十来年前，那个嗷嗷待哺的孩子，如今在火塘边为我们忙前忙后添茶倒水。

可是，总会有些话不小心要说出来。

“一不留神就变成寨子里最穷的人家,我现在都还没有盖新房，还守着老屋。”门车深深地吸了一口大重九，他很困惑。过去样式的哈尼族房子，他家是为数不多保留下来的几处了。

“怎么会没有拆？”

“忍一忍就忍住了。”

“你还能忍多久？”

“你可以到寨子里问问其他人。”

我确实在老班章好多地方听人说起门车家的房子。

他是村主任，是避不开的人物。他有一栋老宅，非看不可。住在老班章村各式洋房里的人,偶尔会怀旧式地带人到门车家看房子。看房子，也再一次向过去的生活说再见。

昔年随处可见的干栏式建筑，现在变得凤毛麟角。

门车的家，是活生生的茶农生活博物馆。

父亲为门车留下很多东西：酿酒桶、竹编凳子、餐桌、可以当衣架的马鹿角，还有野牛头。

在我们吃饭这边的火塘，是他与父辈喝酒议事的地方。在门板那头，是另一个火塘。他母亲带着另一群女性，说着另一件事情。

一个屋子，两个火塘，两种性别。有些事，只能在一个火塘边说。

“火塘是最重要的。”门车说，不管现在的人把房子盖成什么样子，他家的火塘都会保留。

在老班章茶园的许多简易凉亭里，最中心的位置都有火塘，只要有人的地方，火焰便不会熄灭。

今天的火正旺，酒喝得刚刚好。门车从挂在火塘边的小竹篓里掏出一把茶叶，丢进烧水壶里，烧水壶发出欢快的响声，这是下午茶的时间。老班章人喜欢把老黄片带茶梗一起煮，在没有铁壶之前，他们把茶煮在青翠的竹筒中。煮茶滋味更醇厚绵长，也更能助酒兴。那些不胜酒力的人，用茶代酒，似乎也不太唐突。从下午一点喝到四点，我们喝了好几壶茶，一大瓶酒。就在昨天晚上，我们也是从晚上八点喝到十二点，从晚餐到夜宵。遇到有酒力的人，换谁都很有聊兴，毕竟茶酒都是令人愉悦的神品啊，更何况咱喝的还是老班章茶呢。

炎炎夏日，我们围桌火炉。吃茶。喝酒。

火塘的建制是有讲究的，在哈尼族的习俗里，新房盖好后，最后才来建火塘，而且必须由嫁出去的长辈来。门车家的火塘就是他大姑造的，土由大姑从山里背下来，铺好、上铁架。“土很重要，火从土里生出来。孩子在土里生长，老大一岁的时候，我带她去地里干活，先挖一个洞把她放进去，再去找她的时候，她满嘴都是泥巴，土生土长才健康，她从不得病。现在的小孩，泥巴还没有玩过，天天这病那病。”门车说。乘着酒兴，我们去一楼走走。

老式干栏式建筑，一楼不住人。过去是猪、牛、马的窝，现在是狗狗的乐园。最近勐海地区闹非洲猪瘟，猪肉吃不得，鸡被提前拎脖子。

家里四只狗，门车只是喜欢其中两只土狗。

阿拉斯加犬叫起来像狼嚎，全村的狗都怕，但懂事，会抓竹鼠。

有狗跟随，在森林里留宿也不会害怕。阿拉斯加犬只会讨人欢心，是宠物狗。然而，门车要的是能跟随自己进山的狗。小女儿当初把它抱回来的时候，小小的，没有想到才一年就长这么大，毛多，估计是从冷地方来的，见到水塘就跑去游泳，怕热。

牛拉车犁田的工具都在，马驮的鞍在，篮在，马掌在，头套在。

昔年的劈刀还在，刀跟随了门车很多年。他抽出来的时候，树木还会瑟瑟发抖吗？门车又不只有这一把刀，他还有切菜刀、劈竹刀、劈柴刀、澜草刀（类似镰刀）、修枝刀等各种刀。用刀挑出来的竹篾，围成了我们的饭桌，支撑了我们现在的高度。

小日子

炎炎夏日，我们围桌火炉。

饮酒。吃肉。喝茶。赏刀。

酒是老班章人
生活的调味剂

门车村主任（李建文）
老屋具体数据

1.	砍伐木材建房时间：	1988 年。
2.	木材来源：	深山（集体树林，当时并没有具体木材归属分界）。
3.	木材种类：	梨树为主。
4.	老屋翻修：	1999 年第一次翻修；2009 年第二次翻修。
5.	屋顶用瓦：	2012 年以前用的是土瓦，2012 年后使用瓷瓦，当年市场价 5 分 / 块，价格很高。
6.	家中茶园面积：	100 多亩，小树 30 多亩，大树、古树合计 70 多亩；整个村寨人家单户最多一吨毛茶；村主任家春茶以卖鲜叶为主，雨水茶制造毛茶销售为主。
7.	老屋建筑风格：	类同传统哈尼族建筑风格；以前古老房子以茅草屋为主，屋身高度极低，基本上茅草垂地（具体时间无法考证）。
8.	老屋房子高度：	约 7.8 米，占地 1 亩多（具体数字无法测量）。
9.	老屋竖柱：	长 4.3 米，宽 0.18 米，高 0.2 米，数量 172 根；

	老屋大梁：	长 8 米，宽高无法测量，共计 7 根；
	老屋横梁：	长 4 ~ 6 米不等，宽高忽略不计，共计超过 63 根；
	老屋框条：	长 13 米，共计 12 根；
	老屋楼板：	长 4 米左右，宽 18 ~ 28 厘米，高忽略不计，共计超过 328 块；
	老屋楼梯：	前后门各一副，前门为水泥梯，后门为木梯。梯身长 4 米，木板宽 1.4 米，由 19 块木板组成；
	两副家用梯子：	1 竹梯，1 木梯。
10.	家用箩筐：	竹筐和藤条筐共计 2 个，载重量 15 千克，用来盛放生活物品（杂物）。
11.	竹筒：	盛放刀具，发现 1 个。
12.	狗：	一母同胞黑白两只土狗；小女儿带回来的宠物狗阿拉斯加犬一只；另外还有一只白色土狗，土狗大小差不多，阿拉斯加犬一岁两个月，身高体壮。
13.	存刀数量：	共计 15 把，分割草、砍木材等功用。据传，族中每个成年男人都会有一把刀，这是劳动工作的基本前提。
14.	老屋二楼门外相框数量：	6 个，6 张照片；全家福一张，包括村主任妈妈、村主任夫妇、村主任三个女儿及二女婿。
15.	凳子：	并不是用竹子编织，用的是寨子茶园边上特有的藤条，生长周期很长（比较缓慢）。数量共计 28 个，其中 4 个大概有二三十年历史（1977 年左右由村主任父亲制作），做工精细，牢固耐用。其他是在 2016 年左右，在市面上花五六十元买回的，质量较差。

16.	放茶的藤条篓：	村主任爷爷辈传下的，家中只有一个，做工精细，时间久远，载重量七八市斤。据传，爷爷辈用一指甲大烟从会编织藤条篓的烟鬼手艺人那里换来。
17.	饭桌：	下面用藤条镂空作为支架，上面用苦竹编织成簸箕样子，用来盛放饭食及食用工具。
	大小：	高约 50 厘米，簸箕面半径为 30 厘米。
18.	酿酒：	
	时间：	不定（喝完或快喝完时即时酿酒）；
	种类：	苞谷酒为主；
	产量：	70 ~ 80 斤苞谷（玉米）可酿造酒 20 斤左右；
	酒桶：	13 个（父辈及爷爷辈留下），塑料罐由村主任从市面买回（价格、时间不详）。
19.	其他：	家中还有两套拴牛工具，以拴水牛为主，黄牛为辅；还有一把水田工具。

老班章村民的休闲生活

小日子

老班章人勤劳，却也不是一味苦干，他们很懂得享受生活。随着茶价的攀升，财富的不断积累，整个寨子的开放程度不断提高，村民们的休闲方式也逐渐形成了独具一格的“老班章特色”。

鸟舍众多

老班章不止一家人养鸟，而且因为房子空间大，鸟舍造型也是有大有小。

有单独养一只鸟的。

有每只一个窝的。

也有跟家禽混养给鸟更多自由地盘的。

我们在寨子里闲逛时，无意间听到两户对门人家养的鸟好似人一样在交流。这边咯咯哒，那边叽叽喳，你一句，我一句，鸟语说得不亦乐乎。我们身处其间，仿若闯入了一个陌生的国度，听不懂它们的语言，心里却觉得有趣得很。

劳作闲暇，逗鸟取乐，老班章人可以说是很有情趣了。

养鱼垂钓

你以为养鱼只是拿来吃的吗？错了，还有拿来看的。

大鱼缸，小金鱼，放在家里观赏，日子还不美滋滋？

你要吃鱼？

没问题，老班章村村民也养鱼吃。不过据他们说，因为水冷食少，老班章养的鱼要是不人工喂食，就会越养越小，不过肉质紧实，也是别有一番风味啊。

胖二土当村主任时，村里挖了个很大的鱼塘，三四十亩，他曾经想放点儿鱼下去，觉得钓着好玩，可惜村里老人不同意。二土告诉我们，在自家鱼塘钓鱼和在村里鱼塘钓鱼，感觉是完全不一样的。我举双手赞成。虽然老人不同意，但是没关系啊，光是想想就很美了。而且正是因为有很多像二土这样“想得美”的人，现在的老班章才能呈现出这么好玩的状态。“想得美”是创造美好生活的动力啊。

小孩有玩场

家里没空间放蹦床，只能带小孩去游乐场？这问题在老班章不存在。

老班章每家每户的空间都很大，我家娃想玩，没问题，爸爸给你整个蹦床在家里蹦跶吧。

村民二灯说，如今老班章村小孩的受教育水平与县城孩子相差不大，学龄儿童基本都会去勐海县城上学，课余还可以发展自己的兴趣爱好，学钢琴、学舞蹈等，只要他们自己感兴趣，家里都有能力支持他们发展。

乡村高尔夫

来自普洱江城的小马，之前在高尔夫球场工作过，来到老班章贡叶茶厂后，依旧不忘修炼球员素养，创造条件也要打一杆。

老班章正在变得越来越开放。和森家的大女婿阿香，广西人，把挖机开到老班章以后就不走了。老班章外地女婿、外来客商和务工人员越来越多，他们的观念和休闲方式，必然也在潜移默化地影响着老班章。

小日子

网购好物，出门旅游

茶王树家大女儿二灯说：“我基本不逛街，都是网购，下单之后寄到勐海县城家里。”老班章几乎家家户户都在勐海有房,手里有闲钱,会网购些好物再拉回老班章。

胖二土家隔壁的李德胜,就花了七万元在网上购买了一辆帅车。

说到车，老班章豪车不少，除了李德胜家的帅车，最有意思的，还是 29 号瘦二土家的私人电瓶车。

除了网购，二灯告诉我们，村里的女人们还会去勐海的美容院消费。农闲的时候，村民们会出去旅游，香港、澳门这些地方都有去的，还有去韩国玩的。

哈式广场舞

晚上路过村公所，我们看到村民在空地上跳广场舞，新鲜的是他们跳的不是《爱情买卖》一类的神曲，而是传统的哈尼族舞蹈。

领舞的村民舞姿优美，穿着打扮也带着艺术范儿，非常有气质。

老班章人勤劳能干，又懂得劳逸结合，“老班章式”的休闲生活，独具特色，别有一番风味。

老班章的鸟舍

自烤酒

小日子

2019年6月18日，我们到老班章贡叶茶厂的时候，已经是晚饭时间，作为东道主，小马哥热情地招待了我们，还拿出了泡酒，给我们一人倒了一杯。没想到，泡酒中忘记了放冰糖，虽然不烈，但足够酸，酸到牙齿都酥。小马哥说他是采的老班章山上的野生杨梅来泡酒的，采摘野生杨梅的时候还得拿捏好度，如果完全熟透，野生杨梅就会自然掉落，掉落后就不能拿来泡酒了；需要趁野生杨梅在刚熟与熟透之间时采摘，那个时候，果实颜色呈红色。

尽管小马哥临时给我的酒杯里放了两块冰糖，但一时化不开，有一种远水解不了近渴之感，泡酒的酸味依然浓烈，牙齿对那份酸依然排斥。喝了两小口之后，我还是决定放弃泡酒，让小马哥给我换了一杯云南老白干——苞谷酒，其实就是玉米烤酒。这种酒在云南广大地区，尤其是山区，拥有极广的市场，其受欢迎程度远远高于瓶装酒。它就像勐海的古茶树，有极强的生命力，扎根于这片广袤的土地，每一杯都散发着主人的热情，也有着一杯酒应有的态度。

苞谷酒：口中回甜，醉酒头不疼

没想到，小马哥帮我换的苞谷酒那么好喝，我居然喝出了回甜——这一点儿也没有夸张，更不是醉酒之语。我才喝了第一口就觉得酒好喝，确实喝到了回甜，所以喝那一杯酒没有一点儿压力。

正因如此，我也惦记上了这杯酒的源头。小马哥说是李海荣家的酒，贡叶茶厂开业的时候，他家送来的，以示庆贺；一共送了6桶，每桶重25公斤，但厂里负责打扫卫生的布朗族岩大哥特别喜欢喝酒，每天雷打不动喝4杯（约8两），有一桶酒已经见底了。这岩大哥还真识货，如果换一种酒，消耗量应该会大幅降低。

李海荣家距离贡叶茶厂不远，出茶厂大门右转，50米左右就到，就在坡头，老远就能看到他的座驾。

李海荣家在建房子，四五个工人正围着混凝土搅拌机忙碌，李海荣领着我们到旁边的老木屋二楼，长长的大木板桌在老木屋的氛围中呈现出另一种感觉，更安静，也更具韵味。李海荣一边给我们冲泡他自己家的老班章熟茶，一边聊天，此时，我才知道回甜好的苞谷酒不是他酿制的，而是他的姐姐酿制的，但人在勐海县城，不在老班章村。

“（我和姐姐）还没有分家，她帮我在县城带小孩，”李海荣说，“现在每年要酿300公斤酒，前些年酿的酒更多，能到800～900公斤，因为那个时候爷爷还在世。爷爷在的时候，爷爷喝两杯，爸爸喝两杯，我自己喝两杯，每天的消耗量就很大，家里酿的酒也只够喝，不会卖。后来，爸爸喝酒少了，我自己因为接待客户总喝酒（不得不喝），现在与朋友喝酒、独自喝酒已经比较少了。”

“酿酒用的玉米，不能要杂交玉米，否则买回来后容易生虫子，”李海荣说，“当地（老班章村）的玉米没有人卖，我们是去西定（乡）买。看中一块地的玉米，就将整块地的玉米买下来，只买新鲜的玉米，不能让对方晒，要自己把新鲜的玉米收回来。因为玉米容易生虫子，担心对方会为了防虫而打农药，所以收购新鲜玉米回来自己晾晒很有必要。”

“酿酒跟茶叶一样，原料很重要，”李海荣一边冲泡他家的老班章熟茶一边说，“如果（玉米）打了农药，就不能用来酿酒了，因为那不好喝，也不能喝。”用生虫子的玉米酿的酒，和森也认为不好喝。“当地的玉米没有人卖”这个则很容易解释，自己种的玉米当然是不会打农药的，很珍贵，主要是供老班章人自己吃，吃不掉的用来喂鸡、喂猪。至于卖玉米的那点儿钱，老班章人是不稀罕的，他们更注重吃着安全、口感好。

原料好，酒才好。“（自己酿的苞谷酒）好下口，下口后有一股甜味，醉酒后不会头疼。”李海荣说。其实，他们的苞谷酒度数并不低——52 度，但我并没有感受到像某些酒过喉时的那种灼烧感，但他所说的甜却是清晰存在的，很舒服，如同老班章茶叶苦过后的回甜，口腔极为愉悦。

只是，如果坚持传统工艺，他们的苞谷酒产量并不高，100 公斤玉米，正常情况下能出 60 公斤酒。市场上有一种催化剂，酿酒时添加这种催化剂，产量能达到 98 公斤。有些烤酒的，在蒸的环节中，会为了提高出酒率而添加一点儿酒精。

李海荣也补充说：“要做好酒，对水质的要求比较高，用山泉水比较合适。”当然，对于他们来说，只要想喝一杯好酒，他们自然会有办法弄到干净的山泉水，这不是问题。

李海荣的姐姐会酿酒，他的父母会酿酒，从小耳濡目染，想完全不会都难。他的姐姐现在所酿的酒，基本上是供应家族的，比如家族里的喜事、节日，比如春茶季招待客户、朋友。每年酿酒的原料也只进一批，用完了就不酿酒了。

对于酿酒时间，倒没有严格的限制，气温低一些的时候都可以，因为如果气温太高，那么不仅人受不了，出酒率也会降低。

李海荣家的苞谷酒，就像他冲泡的老班章熟茶一样，味美，有回甜。

稻谷酒：米酒的香

和森家酿的是稻谷酒。我特意问是大米还是稻谷，他明确地说是稻谷，并带我们到一楼的酿酒房参观，还未至，就远远闻到了浓郁的米酒香，真想来一杯，可惜还没有酿好——还缺最后一个环节，我们闻到的也只是稻谷发酵的味道，可是也很醉人，让人忍不住多吸几下。

“什么剩下的多，就用什么酿酒。”和森说，他并未限定酿稻谷酒还是苞谷酒，而是根据家里酿酒原料的实际储备情况来决定，“我今年的玉米喂鸡都不够，所以就用稻谷来酿酒。”那肯定是鸡养得多了——两三百只，但没有一只鸡会被卖出去，都是用来招待客户的，跟自己酿的酒一样，追求健康、品质，追求口感的极致与舌尖的巅峰体验，如老班章人给外界呈现的老班章茶一样，一杯，就是一种人生的愉悦。

一杯上好的稻谷酒，不能急，慢慢来。先把稻谷煮一道，取出来待完全凉下来后，撒上买来的酒曲，弄均匀后再装入袋子里或者密封性好的竹箩里，盖起来，不能跟空气接触。和森说，上面必须要放一块铁，哪怕是一把被遗弃的烂锄头也可以，父辈认为不放一块铁压着不好——不仅发酵出来的味道不好，而且哈尼族做礼的时候也不能用。铁块压着袋子放三个晚上后，就可以装入土坛子，十五天后就可以取出来喝了。和森补充说，只要放在土坛子里，装一年都可以，时间越长，出酒率越高，口感也越柔和——只要在土坛子里，什么时候有时间就什么时候酿酒。

酿酒时，下面是一口大铁锅，装满水，上面是一个木质大甑子，高度不会超过 1.2 米。把发酵的稻谷放在甑子里，甑子口留一个小孔，放一根 20 厘米长的管，蒸馏水就是酒，沿着这根管就出来了。这就是稻谷酒，与米酒有所不同。

和森自己酿酒有十多年了，他说以前就见过父母酿酒，但他更喜欢喝苞谷酒，一收到玉米就酿酒了。和森还补充说：“（如果玉米）蛀虫了还用来酿酒，酒就会不好喝。与稻谷相比，玉米更容易蛀虫。如果泡药酒，就用稻谷酒；稻谷今年十月收，就算等到明年十月再酿酒也不用担心会蛀虫。”

和森又说：“装在袋子里发酵的三天内，如果寨子里的人去世，那么这批酒就不能在做礼的时候用，只能自己喝或者招待朋友。”

遗憾的是，此时和森家的稻谷酒还在发酵中，距离可以喝还差一个环节。不能品尝稻谷酒，心有不甘，但也只能在那几袋发酵的稻谷面前多几次深呼吸。

茶酒

2019 年 8 月初，晚上八点，和森家正准备吃晚饭，我们不请自到。

和森准备给我倒他自己泡的桑葚酒时，我说："能不能给我来一杯茶酒？"看他短暂的停顿，我又赶紧补了一句："我想试试茶酒。"和森立即去隔壁的房间给我单独倒了一杯茶酒。

我并没有马上喝。对于这杯茶酒，我慕名已久，听隔壁老王说了多次，但不易得；其实我们都已在贡叶茶厂吃过晚饭了，但要想真正地了解茶酒，还是得亲自品尝一下——只有喝过、体验过，才能知其味，真正的味。

酒杯在手里，观其色，如琥珀，却又比琥珀色深；如熟茶汤色，亦比熟茶汤色深，更接近酱油色。我将茶酒的照片发在朋友圈，说猜中有奖，很多朋友留言，有猜酱油、中药的，有猜茶膏（茶膏冲泡后的汤色）、酸梅汤的，也有猜红糖水、姜糖水的，还还有猜可乐的。最终没有一个人猜中，这杯茶酒的颜色与他们所猜之物确实很像，谁能想到，这是一杯茶酒呢？倘若我没有亲自见到、闻到、喝到，估计我自己也无法往酒的方向考虑。

酒杯在手里，我仔细地闻，是一种独特的香味，是浓郁的清晰的药香，还有一个朋友说有中药材丁香的气息；还有淡淡的茶香，以及一层似有似无的参香。相反，虽说是茶酒，但酒味不浓，已被药香掩盖，给人一份醇厚、绵绵的愉悦。

看到我要喝，和森说："刚喝的时候有点儿苦。"当茶酒入口、入喉，并没有想象中的烈，而是有一种顺滑感及汤感。确实有一点儿苦，但极浅，且倏忽而逝，剩下的，是药香与醇厚的享受，穿喉而过，入胃，入心，极为舒畅。

这是2008年的老班章夏茶与高度酒的结合，而酒，又是2016年酿制的苞谷酒，存放一年后，到2017年才泡的。

和森说："11公斤白酒配1公斤干茶，感觉茶叶放多了一点儿。"

"正常情况下的比例是多少？"

和森说："没有正常情况。家里有这些东西，想试验一下，摸索着泡酒，纯粹是为了好玩。这个东西（茶酒）没有标准，没有经验，也没有想过最终出来的味道。（那次）做了后，就再也没有做了，以后或许会做，或许不会做，不是每年都做，以后看心情，想做的时候就做，反正是自己家的原料，对身体无害。"

"茶酒制作后，多长时间可以喝？"

和森说："这个我也不知道，第一次打开喝是八个月后，预期目标达到了70%。"

我跟同行的几个女孩子说这个酒不错，倒不是骗她们喝酒，而是真觉得可以稍微尝试着喝一点儿。她们尝过后也没有骂我，再说，这么好喝的酒也不应该骂我。

一杯茶酒后，我又换上桑葚酒，入口微甜，但微辣，最让人失望的是，缺乏茶酒的那份醇厚、浓郁，感觉差了太多，完全不在一个层次上；不过，我也不应该这样失望，毕竟，老班章茶叶与桑葚相比，一个在天上，一个在地下，尽管，都挂在树枝上。

不管是苞谷酒还是稻谷酒，抑或茶酒，在云南的山区都是最普遍的酒，也是比较廉价的酒，老班章人对这杯从价格上来说不起眼的酒却看得格外重，其在心底的分量远不是外界的那些瓶装酒所能比拟的。在我看来，这不仅仅是口感的习惯与依赖，也不能说是视野所限，当然，更不是因为老班章人舍不得花钱，而是他们对健康的追求，对酿酒乐趣的享受，对可以看得到的、能够掌控的品质的执着。干活结束后一家人聚在一起小酌几杯，任夜色再黑也无法拒绝这杯佳酿带来的放松与惬意，清冽而甜，那正是生活最值得贪恋的味道，岁月也不能将其夺去。

稻田

吃，从来都不是小事，品种万千的菜肴就不用说了，即使是一碗最简单的米饭，我们也都认真对待，它要能入口，要经得起个体的挑剔，甚至要符合记忆中对好吃的米饭味道的想象，哪怕这份记忆久远得连自己都无法描述了，但只要对味，就能瞬间清晰。

再说，米饭天天吃，好吃与否，一入嘴即知，想骗也是无法骗的——欺骗自己的味觉与对主食的期待，这绝不是一个好主意，除非自欺。

老班章人自然不会自欺，也不会勉强，他们对这碗米饭的要求从来都不低，它必须要好吃；而好吃的标准全由他们自己决定，是一种感觉、一种习惯，是可以描述出来的具象，就像李海荣所说的，（他们坚持种稻谷所收获的大米煮出来的米饭）“刚入口时不会有软（糯）、甜香（感），但是越嚼越甜，并且耐饿”。

他们对这碗米饭的执着，就像很多云南人对芒市遮放米、广南八宝米的追求一样；区别就是，后者更多的是追求，而前者则成了每天的日常。

这每天的日常，代价不菲。

和森三兄弟总共有21亩稻田，并不是自己的地，而是集体的荒山，是他们三兄弟去推（开辟）的，村里的政策是谁弄（开辟）归谁，究其原因，应是地广人稀。三兄弟每人平均7亩，仅仅和森自己的这7亩，代价就是45万元的开支，这只算硬性支出，还不算他们自己出工出力。他们开辟的这块稻田，最初是一个箐沟，二三十年前他们家人把着（占有），以前种过几年，有扩展的空间；其中有两三亩是用锄头一锄一锄开垦出来的，到2008年左右，这块稻田开始扩展。

李海荣家也有10亩稻田，距离村子不算远，大约4公里，其目的也是为了自己吃。他家还有一块地用来种苞谷，但是请工人来打理，是澜沧县的工人；淡季（农闲的时候）月薪3000元，旺季（农忙的时候）需要加班，比如采摘茶叶的时候，看劳动程度，月薪可能会翻倍。在远离市区的深山，常年雇用工人并非易事，薪资必须足够有诚意才行，不然，一般人不愿意长时间留在这里，即便在勐海县城，企业主招聘工人也是一件头疼的事情。

薪资到位了，并且管吃管住，工人留下来的概率才高，不然，农忙的时候一下子还找不到工人干活，想吃到可口米饭的愿望就有可能落空。

不菲的代价下，还是有人愿意付出，只为吃“口感习惯”的米饭。和森说前几天村里说了一下，（老班章）种稻谷的有11户人家，约占整个村的10%，需要说明的是，老班章村的很多人并不住在村里，多数选择住县城，所以这个比例实际上还是比较高的。他们舍不得这片土地，也放不下几百年来的耕种习惯，有一份天生的情感驱使着他们做出坚守种植稻谷的选择。

只是，他们的这个选择多少有点儿情怀，真的是为了吃一口熟悉的味道，因为高产的不好吃，好吃的不高产。和森分家后第一次种植稻谷是在 2019 年，以前种稻谷时一亩地平均产 8 袋稻谷，每袋重约 40 公斤。李海荣家一直坚持种稻谷，也说产量低，10 亩稻田能收获 60 ~ 70 袋，丰收的时候能到 80 袋，一年下来吃不完全部稻谷，剩下的就用来酿酒，甚至喂猪。

和森家的那块 7 亩的地开垦出来后，在 4 月 28 日种了秧苗；他说种的是老品种、红米，不种杂交稻，以前的某一年试种了 11 个品种，还请当地农科所的朋友来帮忙。李海荣家是 5 月种的稻谷，他说就选择在春茶结束、夏茶未开始的间隙，家人刚好闲着，就利用这个时间段种稻谷。

“你们这样种稻谷划算吗？”我忍不住问李海荣，因为在外界看来，老班章村已经非常富裕了，村民完全不用这么辛苦地自己种稻谷，完全可以花钱买到市场上比较好吃的大米。“这个要看怎么理解，也要看个人定义，”李海荣说，“爸妈已经习惯了耕种，闲不住；我自己觉得吃的东西还是自己种比较好，买的大米吃不习惯，即便是一样的包装、一样的生产时间，这一袋（大米）跟另一袋也不一样。”停顿顷刻，他又说：“也种苞谷、蔬菜，（用手指着窗外的山）就在那边，搭建一个大棚种植蔬菜，都是为了自己吃。也养鸡。买的最多的就是调味品，比如盐、味精。”

后来，李海荣又在微信上回复我关于品种的问题，他们种的稻谷一半是老品种，从山谷移植到水田里；一半是冷水谷，属于半杂交水稻，产量低，没有特别的香味，（吃起来）既不糯，也不腻，属于糙米。这类米（煮成米饭后）刚入口不会有软、甜香的感觉，但是越嚼越甜，并且耐饿。最后一点，对于常年在茶山干活的哈尼族人们来说非常重要。

和森也明确说他们种的稻谷属于老品种。在老班章，因为气候、土壤等多重因素，稻谷也只能种老品种，即上一代作物成熟后，保留少许，作为下一代的种子。稻种如人一般，一代一代地繁衍下来，始终给贪恋一口熟悉味道的人们留下一份念想。

这份念想，正是哈尼族的荣光。“哈尼族是最早驯化野生稻的民族之一，很早就掌握了水稻耕作技术，并具有悠久的以稻米为主食的饮食传统。这一生产技术和饮食习惯，一直延续、传承下来。所以，来到云南哀牢山山区后，哈尼族从烧荒开地种山谷开始，初步解决食用稻米的需要，也逐步培植了适合当地种植的如镰刀谷、山羊谷、地谷等山谷品种。为了提高稻谷产量，满足人口增长带来的更大的稻米食用需求，坚韧不拔、富于创造精神的哈尼族，在不适合水稻种植的大山挖沟引水、开垦梯田，种植水稻。到唐代，哈尼梯田已经形成了较大规模。通过上千年的培植推广，哈尼族水稻种植品种十分丰富，在不同海拔地带种植的传统水稻品种多达数百种，仅元阳县便有黏性籼稻171种、粳稻25种，其中糯稻30余种。”（《哈尼族》朱志民 李泽然著）

或许老班章人选择的稻谷品种与哀牢山山区的不一样，但也符合物竞天择的自然规律与人为干预的科学精神，最终殊途同归，都是追求齿间的味道、执着于个体童年的饮食记忆，并在这一过程中完成了耕种文化的传承。

鱼塘

李海荣说，种稻谷其实也很简单——先撒秧苗，后移栽。因为稻田就在鱼塘的下面，稻田所需要的水源源自鱼塘——从鱼塘里将水放出来。

这还真是一个好办法，一举两得，稻田不用担心水源，鱼塘养了鱼，产生的结果就是有饭吃、有鱼吃，而这个充满科学性的过程也让老班章人维系了他们自己的耕种传统，并在过程中享受到了生活的乐趣，以及人与自然和谐的乐趣。

老班章村的132户人家几乎每家都有一个自留的鱼塘，可能是原先家族遗留下来的，也可能是最近修建的。就在我们6月考察老班章茶的时候，我们在后山的荒山还看到有几处正在修建的鱼塘，就在山涧、箐沟，他们积极、合理地利用地理条件，不愿错过养鱼的乐趣。

对于外界所传闻的“老班章缺水”一说，胖二土解释道：“其实不缺（水），（周围）不管哪个地方缺水，老班章都不会缺。我自己也觉得奇怪，就是人家说干（旱），我们这里也不干（旱），因为到处都有水。”

也是在老班章村考察期间，我们多次往返村子各个方向的领地，多次看到了植被茂密的森林以及一眼就能分辨出的茶园，看到了众多与水有关的自然景观、人工景观，比如路边的水渠、山谷的水塘，以及多处溪流，包括贡叶茶厂的水源也源自当地的山泉水，从未断流。

也正因为是高山，导致了水冷，所以老班章人栽种的稻谷品种有一种即为冷水谷。如此环境与水质，也就不太适合大众鱼类的生长了，可如果能适应这样的环境，能活下来，并能繁衍，那这样的鱼就会显得出类拔萃，“优秀”于同类。自然，最后给食客带来的口感也是鲜美、极佳的。

和森家的鱼塘堪称“后花园”，除了稻田、鱼塘的完美融合外，鱼塘边还有一片芭蕉林、一片茶园、一片竹林，还有几棵瓜果类的树，以及“后花园”里的一大群土鸡，俨然成了现代立体农业的典型。

李政明家的鱼塘属于家族共有，他们李家在老班章村共有 46 户（有户号的）。李政明说，他们的祖先以前在南泼象寨那里留下一个鱼塘，今年他们家族花了 40 多万去恢复了鱼塘。他说以后（家族）搞什么活动，就可以去那里聚一聚。

部分老班章人选择了县城的生活方式，但也有部分老班章人依然选择了祖辈世代耕种的这块土地。即便没事，他们也喜欢待在山里，与山为邻，以钓鱼为乐，愿意花大价钱修建一个鱼塘。只要不忙，他们就会驱车去钓鱼，有时还会带上自己的客户一起，在垂钓中享受生活的云淡风轻，享受财富之外的怡然自得。

村里的小卖部也没有放过这个商机，出售钓鱼所需的鱼饵，且多达四个品种。除了春茶季，其他季节鱼饵都热销。

金色的稻谷与绿色的茶叶，是老班章最诱人的两种颜色

猫

小日子

6月初在老班章待了一个星期，路上遇见最多的宠物当属狗。一直很纳闷为什么老班章没有猫，曾猜测是因为茶叶太贵，养猫可能会对茶叶有污染；或是老班章村四周环林，养猫，容易跑丢。但在我第二次来老班章村时，刚把“为什么老班章村没有猫”这个疑惑和随行伙伴们讨论后不久，就陆续在村内与几只猫相遇。

在老班章村，想要看见猫，得靠运气。6月20日下午，我们跟随贡叶小马哥来到老班章35号李海荣家寻觅酿酒良方，在他家传统干栏式建筑通往二楼的楼梯上，我遇见了一对猫母女，除了体形上的大小差别外，它们几乎别无二致。猫妈妈很聪明，聪明到甚至能用“狡猾”来形容，见有人靠近小猫，它也跑过来，端坐观望，不断发出暗吼声，且当人越接近小猫，它的吼声也越响亮，像是提醒小猫注意安全，敌人正在靠近……

唯宠物与零食不可辜负

下午5点，二楼走廊上的老式木桌下传来一阵凄切的鼠鸣声，故事正式开始了。

寻着声音走近一看，原来是小猫正试图捕捉一只被关在捕鼠器里的小鼠。这只小鼠，出生一周左右，毛发刚长全，叫声也还很稚嫩。突然想起初见李海荣时，他正忙着在老屋一层修缮米仓网格门，他说，最近米仓里跑进了一只小鼠，嘁嘁喳喳的声音惹得他心烦了好几天，今天终于捉到了。

二楼捕鼠器里的小鼠，应该就是李海荣刚捉到的那只。美食的气味把藏匿起来的母猫也吸引了过来，它伸出前爪在鼠笼前试探，小猫自觉退居二线观战，那懵懂听话的样子，引得旁观者忍不住发笑。这大概就是人们常说的那句话："对于它来说，人（喵）生才刚开始，一切都还需要学习。"

母猫拨弄出的声响吵到了蜷在主屋火塘旁打盹的 89 岁月朵奶奶。两分钟后，她僵着脸，佝偻着背，穿着全套哈尼族民族服饰，拖着一双接近 42 码的男士棉鞋从主屋走出，径直奔向鼠笼。在提起鼠笼的同时，她用哈尼语向母猫大声呵斥了一句，便转身走回主屋，待小猫小心翼翼地跟随进入后，她迅速把门关严，任由母猫在外叫唤。

月朵奶奶有意训练幼猫，她一边远距离看着它斗鼠，一边找来一个木盒，掏出草烟丝、石灰粉、槟榔叶、槟榔嫩枝和一种叫"三古经"（音译）的树皮，每样揪出一点儿，用森林里采来的野生槟榔叶包裹住，搓成小团后喂进嘴里咀嚼，不时向外吐出梅子一样红的汁水。听村里人说，现在只有老人才吃槟榔，和抽烟一样，嚼食槟榔也会上瘾，有些老人一天要嚼食十多颗，也有一种说法是，他们觉得长期嚼食槟榔有预防牙疼的效果，而吐梅红色的槟榔汁水是为了防止因人体差异带来的中毒反应。月朵奶奶在面对镜头时总是把嘴闭得严丝合缝，生怕别人看见她咀嚼槟榔被染红的牙。

一只老鼠带来的乐趣

猫这种动物，总是很聪明。母猫在被关门外不久后声音消失了一段时间，当大家还沉浸在小猫和幼鼠嬉戏的游戏中时，它却冷不丁地出现在了火塘的另一侧，月朵奶奶发现了它，毫不留情，边骂边抄起一根木柴朝母猫扔去。为了阻断母猫接近鼠笼的机会，月朵奶奶干脆把它提到了火塘边，"咪咪，咪咪”地叫唤小猫，让它靠到跟前来。看小猫玩得起劲，月朵奶奶在旁边也看得咯咯大笑，时不时伸手轻抚它的背，眼里满是爱意。这只小鼠无疑是月朵奶奶专门留给小猫作下午茶点心的了。

母猫在远处看得心痒，伸长脖子，眼睛直勾勾地盯着笼子里焦急徘徊的小鼠。得不到抓鼠乐趣，母猫又生一计——召唤小猫去吃奶。月朵奶奶见小猫兴趣减淡，便亲自操刀，拿起火钳试图将小鼠处理掉，可钳子太粗，一直戳不到鼠的要害……吃过奶后的小猫，乖乖地卧在月朵奶奶一旁，静静等待她为它准备的美餐（鼠肉）。尝试了好半天，月朵奶奶换了根竹棍好不容易按住小鼠，打开笼子，让小猫钻进去吃，可是小猫关键时候缺乏经验，让小鼠逃脱了竹棍的按压，她有些生气，用哈尼语责备小鼠："太笨！"

5 分钟后，小猫第二次尝试吃鼠，终于不负所望，成功叼起小鼠躲进角落大快朵颐。月朵奶奶也没闲着，她先是从挂在墙角的布袋里掏出了几颗南瓜子，又坐到火塘边，用铁丝把南瓜子戳个小洞，从火塘边舀出一点儿带余温的炭灰，把南瓜子一颗颗埋入里层，烤香后再用铁丝串起来，挂在又空了的鼠笼里当诱饵。

火塘是哈尼人生活的中心，他们的故事也总是发生在火塘边。在老班章村，像月朵奶奶这样年纪的老人很少看电视，在火塘边烤烤火，绣绣花，嚼一嚼槟榔，逗逗小猫，煮几顿饭，一天也就过去了。下午 6 点 6 分，吃饱喝足的小猫跑到院子里打起了盹。安置好空鼠笼的月朵奶奶，也在火塘边，煮着老班章黄片，口含槟榔，嘴角带着淡淡微笑，埋着头进入了梦乡。

月朵奶奶这天做的梦，一定很甜吧。

月朵奶奶给幼猫
展示猎物

鸟

尽管喝着被外界羡慕的老班章茶，但我们一行五六人，无一例外地被主人杨红忠家里养的鸟吸引了。所有人都离开茶桌，顺着鸟的声音寻去，直至在院子边上，在一个巨大的铁丝编织的空间旁，我们看到了数十只鸟，形态各异，即便羽毛不够艳丽，也能感受到它的灵性。

这些不同的鸟在一起，宛若一个小型的鸟类主题乐园，即便像我这样突然而来的到访者，也能在这些精灵面前安静下来，将手头的工作丢在一边，静静地看着它们。无需言语，只是这样看着就够了，就已然是一种格外满足的享受，充实而丰盈，美好得不希望被别人打扰。

小日子

那一刻，贵如黄金的老班章茶叶显然在这些飞鸟的面前败下阵来，大家的兴趣都在鸟的身上，目光也跟随着鸟，因为我们这群陌生人的到访，平实自在的飞鸟也变得惊慌起来，躲着我们。直至我们暂时获得心满意足后才回到茶桌前，也才注意到杨红忠给我们冲泡好的茶汤已凉。

杨红忠告诉我们，他从小就喜欢鸟，这个爱好一直延续到现在。年少的时候，他独自去山上抓鸟，他选择黄昏后，百鸟归巢，正是好时机。他选择幼鸟，因为抓回来可以养，成年的鸟不容易养乖。杨红忠大多数时间都住在老班章村里，不像年轻人喜欢住在县城，茶叶忙完、农事忙完，空闲下来的时候，他喜欢一个人进大山里，开着他的越野车去巡山。我们同行的向导说，在村里很少能看到他，他闲不住，一天会去山里转几转，外人都不知道他去干什么。

他喜欢山的气息，哪怕只是看看，看那看过千百遍的熟悉的山，也不会厌倦。现在家里所养的十多种鸟，就是他在巡山之余抓回来的。他说，大的那只叫“啊啊”，斑鸠叫“哈谷”，画眉有两种，一种叫“jiu ho”，另外一种——我们实在不知道该如何拼写出来，他刚说出来，我们在场的全部人都笑了，无法翻译，对，就算是音译也不知道该怎么表达，连他自己都笑了出来。我自己最喜欢的，是一只绿色的鸟，绿得一尘不染，绿得有灵性，绿得如清晨的露珠滴落在茶树的嫩叶上；一身的绿，深深浅浅，不尽相同，却又协调而柔和。杨红忠说，那只鸟叫“腾究罗”。

在杨红忠看来，没有什么鸟是养不活的，先找虫子、果子给它吃；如果一周内（它）不吃沙子，那它可能活不下来，因为沙子有助于消化；等鸟儿活下来了慢慢适应了，他就会调制出专门的“口粮”给它们吃。这些年来，他所花的时间、精力，除了茶，就是鸟了。

在老班章村后续的采访中，我们发现，很多人家都有养鸟的习惯，但没有哪一家能够像杨红忠这样专业、专注而有情感。后来我想，他是一个幸福的老班章人，也是一个幸运的老班章人，因为他有一个超越物质的爱好，纯粹而执着，能在飞鸟上得到一种无法替代的乐趣，能自得其乐，愿意花费时间、精力去“侍奉”它，这份雅致，羡煞多少人！

在另外的一户人家，我们看到一只会说话的鸟，它叫出来的声音有点儿像“吃饭了，吃饭了”，并且它的“口音”有点儿像昆明话，你可以学着用昆明话模仿一下：“吃饭了，吃饭了。”

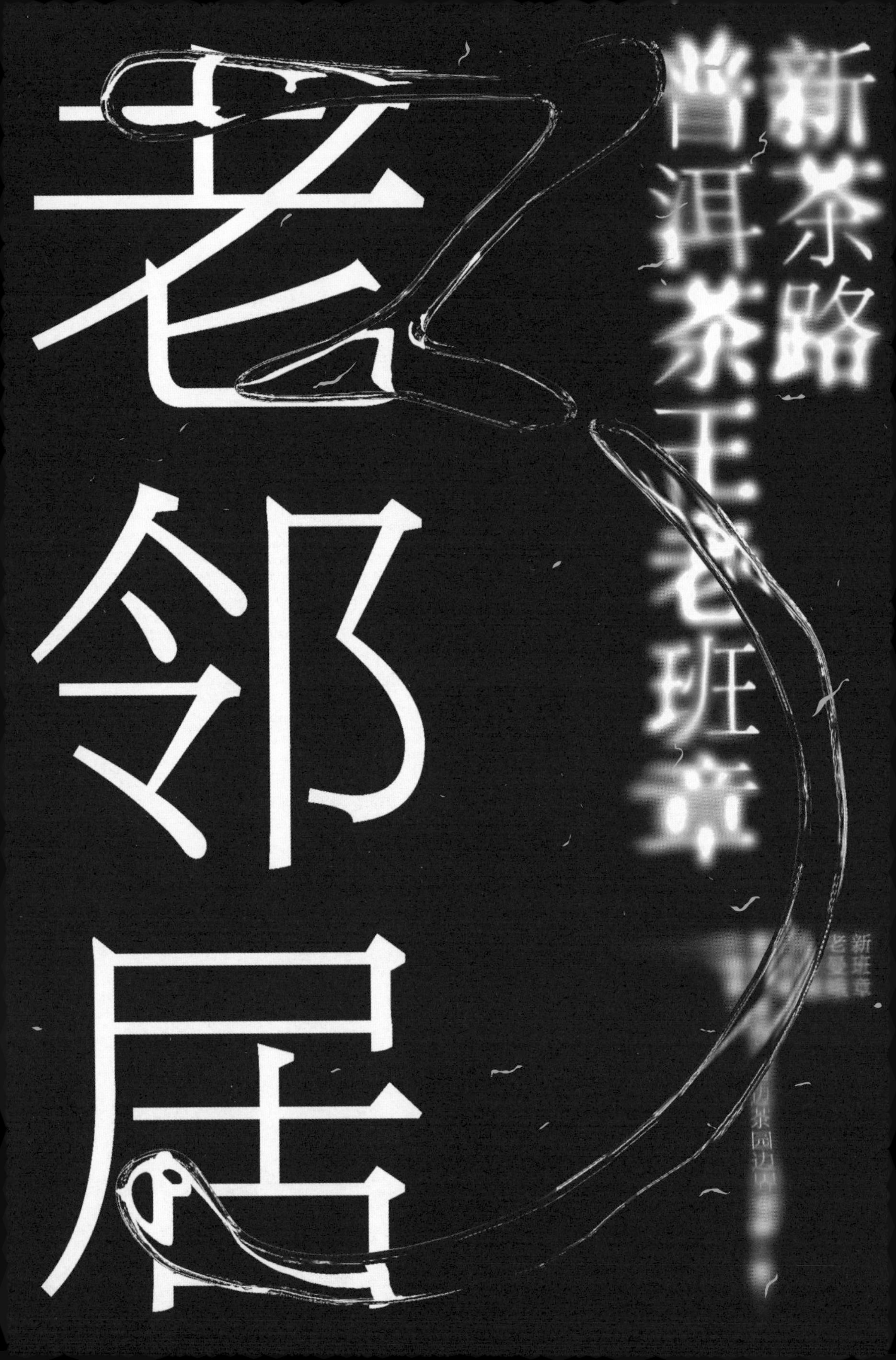
新茶路
普洱茶王老班章
老邻居
新班章

第三章 老邻居

新班章

老邻居

2018年，新班章村建起的新寨门，在朋友圈被大肆刷屏。整体寨门是清秀的灰色，四根大柱子撑起青瓦檐，每根柱子上都写着“茶”字，是村委会专程从大理请来师傅做的设计。中间是引发广泛讨论的几个大字——“中国普洱茶第一村 班章村”。若是在百度地图里输入“班章村”，系统也会自动为你导航到新班章。总有人说这是新班章在蹭老班章热度，新班章村村民也无可奈何，作为班章村的村委会所在地，班章村管辖老班章、新班章、老曼峨、坝卡囡、坝卡龙五个自然村，说这里是班章村也无可厚非。无论如何，新老班章之分，总是无法绕开的话题。

在新班章人看来，老班章与新班章最直接的差距主要在“钱的多少”上，这一点，从村规民约的罚款金额上就可见一斑。

刚从班章村村委会开完会的杨春平，坐在最近的茶室里随手翻看桌上一本小册子，这是新班章的村规民约。作为老班章村的出纳，杨春平对村寨规划很敏感，他说：“班章五寨，每个寨子都有自己的村规民约，其中内容大体一致，只是细节不同。新班章把它做成册子每家发放，我们老班章文字形式的（村规民约）还只是村主任家有，普及度没有他们这边高。”说话间，杨春平掏出手机对着册子拍了几张照，“老班章近期也正在计划将村规民约整理成册、发放宣传，正好可以借鉴一下。”而说到各村寨村规民约的区别，班章村委会副主任李永昌的答复是："他们（老班章）经济条件更好，罚款也罚得更多些。"

罚款金额的差距一眼就能看出，而茶与茶的差异，不是光看就辨得清楚的。即便新、老班章村村民对两村之间的茶是否存在差异的说法有很大争议，但老班章村村民从不否认的是，新班章与老班章，本同根同源。

李永昌从老辈人那了解到，早年，新、老班章的祖辈一共在13个地方建过寨（以下称为"班章老寨"）。"他们从格朗和搬出后，连续又搬迁了两次，第三次才最终选定驻扎在现在的位置。"李永昌说："上一次的班章老寨驻扎地，位于现在新班章和老班章的中间位置，1942年班章老寨迁寨，寨子里的人分成了三拨，一拨搬到了现在老班章的位置，另一拨搬到现在新班章的位置，还有一拨去了卫东。而现在新、老班章的叫法，是后来由当地辖区派出所取名得来的，为的是便于区分两个寨子。"

2002年以前，班章五寨的茶都要拿到新班章地界来卖，"当时勐海茶厂的收购点就在现在的新班章村村委会那儿。"在李永昌看来，新班章和老班章的茶喝起来没多大差别："我们两个寨子的茶树都是同年种下去的，用的也都是同样的管理方式，只是他们（老班章茶）的名声传得更开，价格也就相对更高。"

"从2012年每公斤1000元左右到现在，新班章的茶价就没有跌过，连年上涨。"在李永昌印象中，新班章的茶价最早是从2006年涨起来的，售价在每公斤100元左右，而更早前，每公斤售价仅为10～20元，"涨幅最大的就是2019年，相比2018年每公斤涨了将近2000元。"2019年，新班章春茶古树（老寨附近）售价为每公斤6000元左右，混采则在每公斤2000～3000元，这个价格已经直逼老班章。

我们想再了解新、老班章茶叶的不同，李永昌却并不急于回答，只说去到茶园便一切明了。下午吃过饭，他让妻子忠小英带我们去自家的茶园逛逛。

从新班章寨门往老班章方向开车不到10分钟便到了。这片茶园是新班章最古老的一片，正好位于新班章和老班章中间，是曾经班章老寨的所在地。在树丛间和青苔下还能依稀看到老房子的地基，若不是忠小英指给我们看，定会以为这是树木倒下后腐败的枯木。人类一旦离去，大自然的力量就会占了上风。曾经的村庄的痕迹全然被淹没，参天大树的绿荫把天空遮蔽，只投下点点光斑，蝉懒懒地应和着微风，对树下行人视而不见。

在稍高一点儿的山坡上，能望见不远处的老班章茶园，从地图上看，新班章和老班章的茶园连在一起，中间隔了一条叫“果下老锅”的小河作为分界线，意为“老宅的小河”。如果往茶园低处走一点儿，虽然看不见河，但能听见哗哗的溪流声。

森林自然形成了立体的结构，上端是挺拔高耸的樟树、栗树，中间是高约三四米的茶树，下层则是各类草本植物。虽然曾经是人类成规模种下了这片广袤的茶地，茶树如今已经完全成为森林大生态循环中的一员，既依附于其中，又为无数寄生植物、微生物提供庇护所。完全不需要人再多加管理，甚至可以说，和人接触得越少，茶会长得越好。忠小英说，茶树不值钱时，以前一年只采两次，春茶和秋茶。现在茶价起来，除了采茶时节，他们也很少来茶地。

我们走过许多茶园，要论最标准最均匀好看的大叶种古茶园，就是这里了吧！包括老班章茶园在内，或因为气候变化，或因为采摘方式，许多地方的茶树都有不同程度的变异，出现了许多大大小小不同的叶片。但这里每棵茶树上的每片树叶都有手那么大，长短均匀，嫩绿的颜色带着油光，每一片叶片呈现恰到好处的曲线，在阳光下尽情进行着光合作用。即便刚采过一轮雨水茶，树上留下的较老的叶子摸起来依然柔软厚实，这样的叶片，即使做成毛茶也不会成为枯老的黄片。

大叶种茶的独特性所在便是高持嫩性。大小叶种的差别主要在于叶片内部结构的不同，大叶种叶肉只有一层栅栏组织，与海绵组织比例为1 ∶ 2或1 ∶ 3，中小叶种则有两至三层栅栏组织，与海绵组织比例为 1 : 1 或 1 : 1.5。因为大叶种叶片只有一层栅栏组织，所以通常摸起来比小叶种柔软，茎的木质化程度低，所以持嫩度比小叶种高很多。不过，也正因如此，其抗寒性也相应低于小叶种。此外，由于茶园所处位置海拔高，温度较低，也使叶片老化速度减慢。喝惯了小叶种茶的人，看到如此粗大的叶片，常常会感到震惊，这并不是因为叶老，而是种性带来的。云南苍莽，在时空的褶皱间，这里既孕育了茶,也让不耐寒的大叶种在冰河纪找到了最佳庇护所。

老班章茶园有老曼峨种、帕沙种之分，新班章村民却很少加以区别。从树叶的形态上看，新班章的茶树都接近于帕沙种。或许正是这样的匀齐，使得新班章的茶在滋味上少了老班章的苦涩张扬，又多了一丝甜柔。对于不好苦的人而言，或许是更加适口的选择。

茶园里的古树主干大多都有腰粗，树干遒劲斑白，和翠绿的树叶映衬在一起，有枯木逢春的感觉。多数茶树从根部二三十厘米处开始就有四至五枝的分叉，每个分叉都有手臂粗，这些是先人们对茶树进行干预的结果。茶树若不进行人为干预，分支就会迅速往上生长以争夺阳光。熟知茶树习性的先人们为了不让茶树长太高而导致采摘不便，在茶树长到一定树龄后便会砍去过高的树枝，让其往四周生长，茶树的形状由纵向变为横向，从单枝变为多枝，茶叶的产量也相应提高。

茶园里有棵被悉心照料的大树，像一只大八爪鱼，匍匐在地上，往四处伸展着触手，叶片总面积足有四五平方米。形态上与之形成鲜明对比的是茶园里的茶王树，足有四米高。虽然底部的枝条已如垂暮老人，蜿蜒曲折没有新芽着生，树的主干却直挺挺地向上，鲜叶茂密如人怒发冲冠，无法掩饰自身强壮的生命力。主人家用铁丝网围着树，架了四层支架以便于人上下采摘。但树枝早已越过钢架，向更远处伸展，人类需要工具帮助自己，树木却不需要。

在班章五寨，许多角落都散落着这样的耄龄大茶树，它们在唐宋元明清的某个时间偶然生发，自此安家落户，充满了生命力和智慧，哺育着守护它的人。站在大茶树下很难不嗟叹，茶树所带来的意义远远超过了我们所能想象的知识范围。蟪蛄不知春秋，树一定比我们更懂得“缓慢”，人类的匆匆来去，不过是树枝的轻微摇曳，古茶树与人的相遇对树来说只是一瞬，我们与古茶树的相遇却是一生。

村民们在长时间与古茶树的交往过程中，也逐渐懂得如何想得长远。从前的寨门是木质的，随着寨子人口的增长，村民们每年会把寨门向外移动 10 ~ 15 厘米。而新修的两个水泥寨门，一个距离村子 700 米，一个距离村子 500 米，大概往后，新班章村村民都不打算离开这块土地。

老邻居

新班章寨门

新班章像八爪鱼
一样的茶树

老曼峨

看见路边挂着的经幡，就代表离老曼峨近了。这座被佛光笼罩了近千年的寨子，既是布朗山的文化母体，也是曾经将这片土地撒满茶籽的濮人后代——布朗族最古老的聚居地。东晋《华阳国志》记有：濮族世居云南，周秦时期称为百濮，其后裔分支很多，唐宋时期称为朴子、朴子蛮。布朗族是 1949 年后才开始叫的。

老曼峨位于老班章西南方向，距离老班章村 21 公里。老班章村如今的土地，原先是属于老曼峨的。而老班章茶园中，也有近一半是老曼峨的苦茶种。想要喝懂老班章茶，不得不先了解老曼峨。

老邻居

有一种苦叫老曼峨的甜

许多人知道老曼峨有苦茶，却少有人知道老曼峨也有甜茶，以至于喝到苦涩味不强的茶时会质疑茶的真假。老曼峨的布朗族种茶一直都有苦甜之分，只是在农作时摘鲜叶吃时会加以区分，制作晒青毛茶都混在一起采制。后来普洱茶兴盛，茶商进入老曼峨，村民们这才按要求把苦甜茶树分采分制。即便是茶农，从外形上也难以区分两种茶树，唯一的方法就是靠尝，尝完在树上标记。摘下一芽二叶的芽头，开始有苦涩感，其后伴随青草味的是甜茶；放入嘴中迅速有黄连般的苦涩味，令人反胃想吐的，是苦茶。吃过苦茶后的苦味会在口腔里弥漫十分钟左右，久久不离去。每户人家有不同的标记方法，有的会在不同茶树上系上不同颜色的丝带，或是在苦茶树上放上一块石头。

但苦茶制成的毛茶并不是全然没有甜感，甜茶制成的茶也并不是完全不苦，只是不至于苦得让人皱眉。带我们逛茶园的是阿辉，这个广东青年在 2011 年第一次来到老曼峨，次年在此安家落户，在高原的日晒下已然有了布朗族人的样子，他家的茶园在老曼峨分布很广。他说虽然茶有苦甜之分，但很奇怪，有时候明明是苦茶树，第一批茶做出来苦，第二批做出来又有些偏甜，有时自己也很难分得清。

民间的苦甜之分尚不清晰，植物学上对苦茶的区分也一直存在争议。苦茶作为一种特异的茶树资源，在庄晚芳的分类法中是云南亚种下的皋芦变种，在植物学大师闵天禄的分类中，苦茶属于阿萨姆茶种（又称普洱茶种）。而张宏达则将其定为阿萨姆种的变种。无论归为何处，可以认定的是，苦茶是一种较为原始的品种，其苦主要来自较高的酚酸类物质和儿茶素等碱类物质。

苦茶一开始被布朗族利用时，药用价值高于饮用价值。茶中的茶多酚和碱类物质有很好的消炎杀菌作用，每日的劳作也需要咖啡因来提神。听老人们回忆，以前每天出门前都会喝一口火塘上煮的老叶子茶才有力气去干活，就是要苦一点儿才好喝。

普洱茶的复兴使得饮用价值被强调。盖碗更加清晰地分离出了苦与甜后，原始的口感喜好逐渐占据了上风，人们现在更加偏爱甜茶。茶农家的甜茶往往比苦茶好卖，价格每公斤也高出好几百。

不苦不涩不是茶，茶需要苦这种滋味来调节完成圆融，却无法单独通过苦而征服味蕾。甜茶，因其滋味的平和与丰富，形成了一种五味调和，是一种协调与平衡。而苦茶，入口是纯粹难以化开的苦与涩，是一场挑战极限的滋味冒险。

老曼峨的苦茶被称作“普洱茶的味精”，这也道出了苦这种滋味极其重要，同时又有些尴尬的地位。味精味道虽好，是菜品中画龙点睛的重要一笔，但难以成为主菜呈现。苦茶往往带着高扬的香气，并且陈化后苦涩下降，茶汤的浓厚度增强。所以苦茶常常作为重要的拼配原料以提高和丰富茶饼的滋味丰富度，却少见到单独的苦茶产品。

老曼峨的古茶园现在大约有三千多亩，遍布在寨子周围。据阿辉介绍，从寨子东北边一直延伸到新班章方向的茶整体都甜，而在通往勐混的路上有一处白塔，从白塔往后的茶园都很苦。老曼峨总佛寺后面这一片地，则是有苦有甜。虽然他自己还是喜欢苦甜交融的味道，但最近客户来都问他要那种纯纯的甜茶。

老曼峨的总佛寺叫“瓦拉迦檀曼峨高”，傣语直接翻译成汉语是“老曼峨，最古老的佛寺”的意思。虽然现在的佛寺焕然一新，但已有 1300 多年历史，建寨时就已经有了这座佛寺。村民们经常会把自家的好茶带去给缅寺里的和尚。茶对村寨的改变也发生在寺庙，寺庙内大茶台上不仅有专门的烧水壶，还有各家茶企的盖碗、品茗杯，时常有村民来这里和小和尚一起喝茶聊天。

他们自己虽不做茶，但聊起茶来头头是道：“老曼峨虽然有苦茶，但并不是所有老曼峨的茶都苦。你知道吗，有一种苦，叫老曼峨的甜。”

茶叶也有民族

在密集的茶园行走，我们遇见一棵独特的茶树，长得不高，仅有一米，叶子细长，成熟叶大约十厘米长，和周围的大叶种茶树有着明显不一样的形状特征。发出的嫩芽节间较短，阿辉说寨子里的老人会叫这种茶叶为“汉族茶”。

有汉族茶，那还有布朗族茶咯？

有的！那些大叶种、发芽旺盛、芽头壮实肥大、持嫩度高的就属于布朗族茶，村民常常称其为“老品种”。这样的茶叶容易采，重实又压秤，揉捻晒干后的干茶条索好看，黄片少。而汉族茶，一是中小叶种，发出的茶芽较小、量少；二是节间短，叶质较硬，做出的茶基本都是黄片，卖不上什么好价钱。

在这里，鲜叶采收后会先由人工进行一次分拣，把鲜叶中的老叶子先捡剔出来再分开进行杀青。这种分拣鲜叶的古法目前只在老曼峨才得以留存。分拣鲜叶虽然增加了工作量，但杀青能够做到更加均匀。汉族茶因为老叶多，经常成为重点挑选对象，自然是很难得到大家喜欢。

为什么叫汉族茶？阿辉说是因为以前寨子里要种茶，村子里茶果不够，于是跑去外面买培育好的茶苗。但当茶苗还小的时候叶子都是小小的，还分不清是大叶种还是小叶种，等茶树长大了，才发现是这种“不好看”的小叶种。由于茶树已经长大，挖掉又可惜，于是就一直留到了现在。因为是向汉族人买的茶苗，所以寨子里的人称其为“汉族茶”。后来也不管是不是小叶种，只要长势不好的都被叫作“汉族茶”。每年 11 月，古茶树结果时，家家都会专门收集长势良好树上的茶果，多种一些布朗族茶。现在想来，这里不仅有着历史的误会，也带着当时布朗族对外面世界的戒备。随着和外面世界沟通的加深，这种叫法已经基本消失了。

虽然更喜爱布朗族茶，但老曼峨人对汉族人十分热情。我们走过的寨子，老曼峨是上门女婿最多的地方。而其他村寨，除非万不得已，否则是不会同意女婿上门的，因为这往往意味着分田、分家产。

布朗族人很慷慨，以前老班章的先祖迁徙到他们的领地时，他们划出了一大片土地给哈尼族人生息。如今面对外来人，他们也不会亏待，既不偏心，也不会重男轻女，所有东西都平分。对于这一点，作为上门女婿的阿辉深有体会，结婚后，他和妻子玉万香就分到了自己的茶园。我们到老曼峨的这天，阿辉邀请我们去他家吃羊。一桌子菜，是布朗味道和广味的混合。而他邀请来的朋友，除了本地的村民，还有许多广东来这边做生意和在这边生活的人，我们都调侃说阿辉家可以成立一个广东湛江会馆了。

信仰守护的茶园

古树茶价格上涨后，给老曼峨带来的影响是不可否认的。因为茶，老曼峨的生活质量有了曾经想都不敢想的变化，路修好了，房子建起来了，车也开了起来。因为茶，曾经远走他乡的亲人也回到了寨子。因为茶，村民们的生活都紧紧围绕茶展开，摘茶、炒茶、晒茶、卖茶，闲聊中也常常聊聊周围寨子的茶品质如何，最近有没有新的制茶工具。

虽然以前寨子里并不存在直接针对茶的祭祀仪式，但佛寺的僧侣们仍会在茶园中选一棵茶树向其表示感谢。2017 年，村子里选出了一棵茶王树和一棵茶后树作为集体所有财产。自那以后，每年的感谢仪式都在茶王树茶后树这里进行。而采摘两棵茶树鲜叶所得收入，都要捐赠给寺院。

老邻居

茶王树和茶后树枝繁叶茂，树干上系上了黄、白、红色丝带，树枝上也挂上了祈福的经幡。人们从心底感恩世代守护这片土地的茶树。布朗族祖先叭岩冷留下的话终于实现：“留下金银财宝终有用完之时，留下牛马牲畜也终有死亡时候，唯有留下茶种方可让子孙后代取之不尽，用之不竭。”

老曼峨茶王树
和茶后树

坝卡囡

老邻居

作为“班章五寨”之一的坝卡囡，知名度确实远远低于老班章、老曼峨、新班章（另外一个寨子——坝卡竜也跟坝卡囡一样），可是，它也同样有着班章茶区的基因，有着一杯好茶的基础与底气。在2018年考察西双版纳古茶树资源的时候，我们曾路过坝卡囡。那是我第一次以近距离看见拉祜族寨子，尽管擦身而过，心中却已种下一颗向往的种子，就像森林中的茶籽掉落在山野里，且是破土而出的那颗，哪怕能长成一棵小茶树，我也倍感幸运：不曾辜负一个生命的向上的力量及其使命。

2019年8月，从老班章出发至坝卡囡，便是了却了这个心愿。路不远，我们早已习惯了无数的弯道，就像习惯窗外的绿意一般，不会在疾驰的车里被甩晕，只是在会车的时候会有点儿担心——路窄，刚好够一辆货车通过，所以会车时必须要有一辆车主动避让，停到路肩，当然，都是坑。

好在，坝卡囡的茶叶不是坑，我们提前约了村主任扎拉，见面时还有他的一位伙伴——扎朵。他们给我们冲泡的就是他们自己的茶叶，涩度很低、甜韵持久，我们都非常惊讶。这是我们第一次喝坝卡囡的茶，却如此惊喜，完全出乎我们的意料。

惊喜，一直在出现。

扎拉的汉语说得不怎么流畅，我们之间的聊天，更多是扎朵在翻译、介绍。扎朵于1991年出生，在寨子里的小学毕业，所以沟通起来没有障碍。现在我们看到的坝卡囡寨子是2003年由老寨搬迁过来的，扎朵说老寨生活不方便，老寨紧挨着森林、古茶园，但不通水泥路，比较颠簸，之后我们坐着皮卡去看古茶园的时候便深刻体会了一把。其实距离不算远，两公里左右，但新寨位于水泥路边，更靠近村委会，最重要的是这里地势平坦，更方便建盖房子、群居。当然，他们所说的地势平坦也只是相对的，我们看到的是呈缓坡状，不过，这在布朗山乡， 在班章茶区，是多么的平常啊！

坝卡囡的人口并不多，只有65户人家，这几年有其他民族的与他们通婚。扎朵说他们这里有800多亩茶园（包括古茶树），他们认为的小树茶是树龄在20年左右的，这里大多数的茶树还是以前的，属于古茶树。过去，更多的是客户自己来寨子里收购茶叶；在更早的时候，是他们自己背着茶叶去新班章卖，一次背三四十公斤干毛茶，有一条小路可以抵达，但走路往返需要半天。

2007年，坝卡囡的茶叶价格是20 ~ 30元一公斤（干毛茶，下同）；2012年、2013年开始明显上涨，鲜叶价格是350元一公斤，干毛茶是1000多元一公斤；2019年的春茶拉平后在1500元左右，即古树茶、大树茶、小树茶混采的价格，而古树茶单独卖能到2000多元，这个要看自己与客户的关系，并没有一个统一的价格。扎朵说，以前有些人家的茶叶还是卖不出去的，当然，现在不愁卖了。扎朵去年做了100多公斤干毛茶，按照近几年的价格来算，收入也还可以。他的客户主要是广州的。

绕不开的还是2007年，扎朵说以前不分古树、大树、小树，是在2007年后才开始分开采摘、销售的。

普洱茶当然是春茶好，但坝卡囡的夏茶也不错，能卖到600元一公斤，干毛茶的外形比较漂亮，黄片少，有一种清秀之感；扎朵说他们是纯手工制作，对我们来说最大的感受是茶汤比较甜，数泡后依然甜，细腻而不腻人。扎朵说虽然属于布朗山大产区，但这里没有苦茶，不过他觉得自己的茶还是有点儿涩。我也佩服他的实在，一般人都会夸自己的茶好，好到几乎没有缺点或是干脆回避缺点。其实他所说的涩，是很轻微的、极淡的，淡到可以忽略。

也是在2007年，盖碗泡茶（工夫茶）走进了坝卡囡。扎朵说盖碗冲泡（的茶汤）感觉淡了点儿，他更喜欢用大壶煮出来的茶汤，觉得更香、更浓；以前是煮着喝，像煮菜一样，水沸腾时抓一把茶叶（干毛茶）丢进大壶里，他说煮的茶更好喝，老人起床后就喜欢喝一杯煮的茶水。他们也做竹筒茶，先往竹筒里装干毛茶，然后放在火上烤，烤香后将茶叶取出来，再倒水进去。

与布朗山大产区的诸多村寨一样，坝卡囡过去炒茶也很简陋，就在家里的火塘上用炒菜的锅炒茶。当然，锅比较小，一次只炒两三公斤鲜叶。而摊晾、储存茶叶也同样简单，尤其是雨水季的时候，炒好的茶叶就放在火塘边上、房梁上。

对于古茶树的死亡问题，扎朵倒是想得很开，他说以前觉得（古茶树死亡）无所谓，“死就死”，但这几年开会，说是要保护起来。“古茶树有自然死亡的，也有山体塌方导致死亡的，还有钻心虫掏空的，”扎朵说，“我们用老草烟泡水，再用针管将泡过的水注射到虫子的孔洞里，这个有用，就是费时间。”

至于除草，扎朵说要看茶园里草的具体长势情况，一年基本上要除三次。除草的同时有时还要翻土，这样草就成为茶树的肥料了，但一年只翻一次土，在每年的二月。

扎朵说，下个月（九月）就是新米节了，谷子黄了，要吃新米。

我问他“茶”用拉祜语怎么说，他说“拉贝”（音译）。“小树”呢？“敖叶”（音译）。“古树”呢？“敖代”（音译）。“叶子”呢？“欧帕”（音译）。“喝茶”呢？“拉朵”（音译）。后面几个词语的发音，他是停顿了几秒才说出来，而我们则笑了出来，因为不太容易听清楚，确认了好几遍才记住。

古茶树，森林的成员

坝卡囡的茶园与茶汤一样，带给我们实实在在的惊喜。当我们一行七八人坐上扎拉的皮卡上山时（没错，前面坐满了，剩下的就站在后面的车厢里），我都没有想到这次会有如此大的收获。其实，在出发之前，我还犹豫了一下：是去，还是不去？

收获，属于心的震撼。

皮卡停到山路边，扎拉、扎朵带我们前往古茶树较多的地方。在这里，爬坡就对了；刚上坡，就遇到了一棵较大的乔木树，我叫不上名字，但根深叶茂，部分须根已经长得很粗了，完全裸露在外面。向上才走了一两百米，我们就见到了成片的茶树，有一些茶树发满了新芽，浅绿与深绿相互映衬，显示着旺盛的生命力；有一些茶树则挂满了茶籽；还有一些上面多是已经枯黄的叶子，新芽较少，整体呈深绿色，“气色”着实差了些。

茶树下多是枯叶，与空旷处长满各种野草的浓浓的绿意形成明显的对比，但有一点是相同的，即无论脚踩到哪里，都能感觉得到土质的松软，身体会轻轻地陷下去；甚至，越往上走，越没什么路——都被绿色植物占据了。

我走在队伍的最后面，贪图享受森林的清新的气息，也想多看看，毕竟这是第一次来坝卡囡的茶山，新鲜感的诱惑实在阻挡不住；即使他们走远了，我也不担心迷路，因为这块茶园本无路，被他们在前面走出了一条识别度极高的芳草之路——刚刚被踩踏过的柔嫩野草，与两边没有被踩踏过的，区别太明显了，想迷路都难。

掉队就掉队咯，依稀听得到人声就好，我真舍不得这身旁的美景：周围的古茶树与后来补种的小茶树参差不齐，却又错落有致，没有整齐划一的规则，自然散落于这片土地上；而阳光被它们遮挡了一部分，另一部分就直接照射在青草上，光线的明与暗、青草的密集与茶树的稀疏，自成一幅画卷，虽然简单，却完美得直入我心。

幸运的是，我们到访坝卡囡遇到了晴天，在这段属于雨季的时间，真的很难得。世界安静了下来，色彩也简单了很多，只有三种颜色：森林与茶园的绿色、天空的蓝色，还有云朵的白色，三者搭在一起很协调，美不胜收，分外养眼。因为光线好，茶园显得特别灵动、生机盎然，嫩绿的芽叶在阳光照射下显得油亮、肥美，生之美好与希望跃然叶上，与主干的斑驳、沧桑一起见证着时间的力量。

我们转回来，走到山路边皮卡附近的时候，我以为要回去了，没想到扎拉、扎朵又驱车前往另外一处，说那里有一棵较大的茶树。途中，扎朵指了指路下的一块空地，说那就是过去的老寨，只是，如今已无任何的痕迹，就是一片荒芜的空旷之地。

再次停车时，我们都被路上的一棵野生芭蕉吸引住了——枝头挂着几串芭蕉，最醒目且又最让人眼馋的是，其中一串已呈金黄色，那是自然熟的野生芭蕉啊！我们都跃跃欲试，怎能错过？扎朵连忙阻止说，那是别人家的，不能摘。

这里的茶树距离路边要近一些，才走了不远，就到了那棵他们所说的大茶树面前。你别说，还真的大，符合我们对一棵古茶树的想象：主干粗壮，到一米五左右处才分枝，高六七米，整体呈篷状，有一种独木成林之感；周围的其他茶树与它相比，就像灌木之于乔木。不过，在扎朵看来，这棵茶树并不受他们待见，因为它发的是"细叶子"，"卖不上价"。

在不远处，有一棵低矮的茶树，高约半米多，整体呈紫色，扎朵说这种（茶树）都没有人采摘，没有人要，干脆没人管理，或者哪天就会被主人砍掉。看来，在班章产区，大叶种茶才是真正的王者，芽叶肥壮才有尊严，否则，都不好意思叫班章的茶树。

返回至寨子里，准备离开，突然下雨，我们就在雨中前行。一两公里后，发现前面的道路是干的，晴与雨，就定格在路上，形成直直的一条分界线，如标尺刻画，宛若老班章茶叶与其他产区的茶叶，泾渭分明。

高大的古茶树，让人忍
不住多驻留一会儿

坝卡竜

老邻居

从老班章村出来，越往外走，茶价似乎也越来越低。在老班章茶出名前，周边与之被统称为“班章五寨”的新班章、老曼峨、坝卡囡、坝卡竜等地的茶也还不为人所熟知，近几年，随着茶价一路上扬，老班章外的其他“四寨”茶也成了茶商们的心头好。

“班章五寨”中，与老班章村相隔距离最远、茶价也稍弱的寨子——坝卡竜，即便在春茶季，茶叶价格也只在400元/公斤上下，而老班章春茶价是它的近30倍。很多人都会疑惑，为什么两个村寨距离相差不到20公里，茶价却会有这么大的差距？带着疑问，我们决定去坝卡竜一探究竟。

“荒凉的大坝子”

“坝卡竜”是傣语地名，意为“荒凉的大坝子”。坝卡竜村隶属于布朗山乡班章村村委会，属于山区，位于布朗山乡东北边，距离乡政府35公里；平均海拔1800米左右，年平均气温18～21℃，年降水量1.374毫米。全村共有耕地1386亩（其中水田590亩，旱地796亩），现有村民52户，村民收入主要以种植业和畜牧业为主。2008年，坝卡竜全村经济总收入36万元，农民人均纯收入994元，属于贫困村。

坝卡竜、坝卡囡两个同为拉祜族的寨子虽然只一字之差，但显然，坝卡竜要藏得更隐蔽、也更深些。手机地图显示，坝卡囡与坝卡竜相距不足五公里，但实际走下来，这路远比地图上的难走多了，经过“山路十八弯”那样密集的山间弯道行驶，我们花了近 20 分钟才到达坝卡竜。

如果老班章村的百万洋房让人审美疲劳，那在坝卡竜，能感受到传统的干栏式建筑带来的魅力。这里的房屋全是两层式木质结构，一层炒茶、停车、堆放柴火和杂物，二层住人、晾衣、晒茶。近几年，随着外来客商的进入，当地茶农采制茶的方式有了很大程度的规范与提升，几乎家家户户都在木屋旁搭建了独立的塑料透光棚，用于晾晒茶叶。

33 岁的扎阿德，作为坝卡竜村为数不多的能讲一口流利汉语的人，被村委会推荐作为我们此次茶园行的向导。阿德是村里极少数读到高中的人，他清楚地记得，当年只有他和村里另一个男孩走出村寨，一路从布朗山乡小学读到勐海县高中，但迫于学习成绩不佳和经济压力，他们在读完高二就都退学回家务农了。

在茶叶不值钱的年代，阿德靠挖笋挣学费，满满一背篓笋只卖得 5 元钱。“那时候一学期的学费是 140 元，我记得六年级时，家里太穷了，拿不出钱来交学费，老师催了很多次，家里才靠着采笋、卖茶凑齐了学费。”

在阿德印象中，坝卡竜村的茶价是在 2007 年左右开始涨起来的，每公斤从 10 多元卖到了 200 多元，“今年卖的价最高。”阿德说。2019 年，坝卡竜的春茶混采售价为 400 元 / 公斤，雨水茶 120 元 / 公斤，量最少的古树单株（春）售价在每公斤 1000 元上下；而五公里外的坝卡囡，同年春茶混采达到 1200 元 / 公斤，是这里的三倍。但相比大渡岗均价 30 元 / 公斤的茶价来说，阿德已经觉得现在的生活是老天“赏饭吃”。

“想要茶价高，就得按我说的去做”

阿德家

现在还保存着少量2018年制的古树单株春茶，售价仅300元/公斤，还不及当季卖价的三分之一。每当有买茶意向的客人来访时，他都会把这茶掏出一些给客人品鉴。遭遇过价格大缩水后，阿德领悟到：“茶叶如果当季不卖掉，那它在老百姓手中就是不值钱的，而且会越来越不值钱。我现在基本上是当年产的茶在当年全部卖掉，不留。”

老邻居

老班章茶走红后，带火了周边四寨的茶价，近几年，通过制茶、售茶，坝卡竜村的经济条件得到了改善。去年，阿德买了他人生中的第一辆皮卡。外地老板教会了他很多种茶养茶的知识，2016年，勐海老板来收茶，要试喝，但他家没有盖碗，丢下一句“没有盖碗泡不成茶”，就走了；2017年，广东老板在他家用盖碗闷泡了五分钟茶，喝了一口，只留下一句“太涩了”，就没了下文……

老板走后，阿德决心改变。他去邻村茶商那儿喝茶、学习，记下了他家配置的茶具，当天下午他就去勐混镇上买来了一套一模一样的，从此学会了用盖碗泡茶。以前，阿德家喝茶是用搪瓷口缸，抓一大把干茶放进去，再倒入沸水就可以喝了，“更老一辈的还会用茶壶煮茶喝，但这样做的人很少。”阿德说。

“喂，咋个说？老板。”每次接电话，阿德都会带上“老板”两个字，他知道，要想茶价高，就得按老板说的去做。“老板说，茶树不能修、不能砍，要让它自然生长；只要不是雨季，或者下雨天，做好的茶就得拿去太阳光下晾晒，因为在透光棚里不通风，晒出来的茶不好喝；不能把茶放在火塘边，会有烟味……”阿德把老板们说的话全都记了下来，一一践行。

——

阿德与相对固定的勐海老板达成供货关系已有两年时间，在这之前，他和偏远地区的大多数茶农一样，只能在家等着茶商主动上门收购。“和他们合作后，雨水混采茶茶价也从80～100元/公斤涨到了现在的200元/公斤。如果零散卖，单价或许更高，但不能保证稳定。”

在问及坝卡竜与坝卡囡的茶叶有什么区别时，阿德只是说：“他们那边的（茶）更好喝，口感也更好，我们这边的（茶）要更涩些。”但我们同行的五人喝过阿德家的茶后都没有觉得“涩”，并给出了“平衡度还不错”的鉴评，阿德解释：“闷泡得时间长些你就会觉得涩了。”

“闷泡”“涩”……这些词是广东老板和勐海老板教会阿德的，他也由此学会了从闷泡中评判一款茶品质好坏的技巧。但显然，阿德的鉴评水平还只停留在表层，在场有人就说：“如果仅根据闷泡后茶汤涩就觉得这款茶不好，那老班章茶闷泡后照样也涩。”

阿德对自家的茶不自信，或许是源于坝卡竜的茶价在“班章五寨”中处于最低位。用班章村村委会副主任杨永昌的话来说，“坝卡竜一直是班章村村委会‘最头痛’的一个村”，这其中既有民族差异问题，又有茶叶差价问题。

高山云雾出好茶

都说高山云雾出好茶，雨季的坝卡竜，即便是到了中午也还是处于被云雾包裹的状态中，这种缥缈感给寨子周围的茶园增添了几分神秘色彩。坝卡竜村的茶园距离村民的住房不远，近些的，走路十几分钟就能到达。

阿德带我们去了一个离他家最近的茶园探访。茶园里杂草丛生，且茶树大多都较高。除了一些茶树生长密集、长得不高的地方有除草痕迹外，少见大范围除草。阿德说，坝卡竜地区一年除三次草，主要使用镰刀手动除：“第一次在五月，其他两次看草的长势而定，一般长到 50 到 70 厘米再除。”阿德从不对茶树进行修枝，因为来收茶的老板告诉他，修枝后茶的味道会不好。味道不好，就意味着茶叶卖不上价。

阿德带我们去的这片茶园，里面的茶树基本是同一时间种下的，却有很大差距，有的高至三四米，而有的只有一米左右，这原因在于种植密集。“能长高的已经长高了，剩下矮的都因为被高的抢走了阳光和养分，现在长不高了。”

虽然作为茶园的主人,阿德却对茶树的树龄一无所知。“印象中，我家的大部分茶树都是在我出生前就有了的，一些大的茶树是老一辈就传下来的，但具体的年份我也不知道，村里也没人知道。早些年茶叶不值钱，大家都不管理这些茶树，也基本不去采茶，后来茶叶价格上涨了，我们才慢慢地管理起来，也新种了一些茶树。”阿德说，这些新种的茶树大多是用老班章茶果育出的苗，一般 5 ~ 10 元就能买到一棵。新栽种的小树比较容易长虫，但阿德说即便长虫了也不会打农药除虫。“长虫了就直接挖掉重新栽种。除虫太麻烦了，还不如重新栽种；古茶树基本不会长虫，所以古茶树我们很少管理。”

“茶树不发芽，我一般不会进茶地。看到发芽了，可以采摘了，才会到里面来。”由于今年前期天气干旱，即便后期下了雨，茶叶也没怎么发芽，8 月初，我们在坝卡竜茶园看到，很多茶树的叶片都很小，还有一些老叶叶片已经卷曲了，且摸上去手感较硬，阿德说：“这些是做不了茶的。”

与老班章村的茶园相比，坝卡竜的茶园显然缺乏管理，没有修枝，没有翻土，管理也仅是除草。从土壤上看，坝卡竜茶园的土以红土为主，村民少有翻土习惯，土质也会相对结实些。

从茶价上看，由于坝卡竜茶的茶价在“班章五寨”中相对不高，阿德一家四口人共有100多亩茶园，每年能制得200公斤左右干茶。为了节约开支，即便是在春茶季他们也从不雇用小工帮忙采茶。

坝卡竜村村民的主要收入来源靠卖茶。除去必要的社交与售卖茶叶外，他们几乎不去外村串门，究其原因在于不通汉语。也因如此，即便是在茶价较低的年代也极少有人外出打工，就算打工，最远也只去过勐海县城。

对于坝卡竜村来说，茶树是村民的全部，而外地老板除去商人身份外，还承担着一个“老师”的身份，他们要向村民们传授管理茶园的方法、规范制茶工序，但有一点他们没法教，也没法管，更没法干预，那就是——炒茶。阿德对此颇有自信：“炒茶，是家家户户的独门手艺，他们要教也教不会，这是我们自己的。”

古茶园的生态环境超出我们的预料，很是惊喜

老班章茶园与周边茶园边界观察

阿德用盖碗泡茶给客人们喝

坝卡竜干茶

茶果

老邻居

山对面的村庄就是班盆，班盆茶园也在村庄附近

云雾中的坝卡竜

旧风俗
4
新茶路
普洱茶王老班章

第四章 旧风俗

哈尼族的茶俗

步骤一：
竹林里寻找适合
烤茶的竹子

步骤二：
截取长短适宜的
竹节备用

步骤三：
用削尖的木棍戳
通竹节连接处

旧风俗

步骤四：
茶园现摘茶（连
带老枝一起采摘）

步骤五：
生火煮水

步骤六：
将茶鲜叶放在火
塘上翻转烤匀

步骤十：
一杯清香、醇厚的
哈尼烤茶制作完成

步骤七：
烤匀后的茶叶揉
搓成团

步骤八：
将烤好的茶投入加
满水的竹筒内烹煮

步骤九：
煮到茶香四溢就可
以分茶饮用了

火塘里，有永不熄灭的火焰 和老班章茶最初的味道

旧风俗

老班章村的火塘边，从不缺少人。

拉过一节藤椅，靠近火塘坐下，满头银发的女主人会先给你递上一杯冒着热气的茶汤。这茶汤在沾着烟火气的老茶壶里翻滚了一天，滋味浓醇，盛在搪瓷口缸或厚实的玻璃杯里，喝一口，仿佛就回到了从前。

若是再幸运些，你还能在火塘边尝到地道的哈尼族美食。用铁钩在火塘草木灰里轻轻拨出一个坑，埋入早上刚从鸡窝里掏出的鸡蛋，还有过节时留下的雪白团圆的糯米糍粑。几分钟后，伴随着糍粑受热膨胀、炸裂，外部形成一层金黄色的脆皮花纹时，那个满脸透着爱意的老人，鼓起腮帮对着糍粑表面吹一口气，细密的柴灰受力迅速飘散消失。享受美味的时间到了。

火塘边，有暖茶，有食物，还有那些耐人寻味、永远都说不完的故事。

世代传承的烟火气

《韩非子》中说：自火诞生后，炮生为熟，令人无腹疾，有异于禽兽。可见火对于人类的重要性。

在哈尼族人的生产生活中，火也占据了非常重要的位置。对他们而言，火既是一种信仰，也是一种社会存在。“只要我们建房子，

房头建出来，成了一户人，这个火就每天晚上都要生，家里也至少得有一个人在。如果一天不生火，寨子里的族人、龙巴头或者老人就有权利来罚你的款。不生火说明你对这个家、对这个寨子不负责任。”老班章村民二土说。

为了延续火苗的生命，老班章村民将它引入家里一米见方的火塘中，细心呵护，保佑它常年不败。而火塘，其实就是一块在房内用土铺成的土地。以前，人们会在火塘中央搭三块石头，中间放柴，引燃后用它来烧火煮饭，后来，石头被换作更便捷的铁三脚架。火塘四周则围满藤条编织的座凳，正上方还有吊炕从楼檩上垂下，用作熏烤腊肉或者盛放干燥香料的器具。

除了辅助完成“柴米油盐酱醋茶”的生活所需外，火还承担着哈尼族习俗承接的作用。

在老班章村早年的传统干栏式建筑中，一般会建有男女分用的两个火塘，除去使用者的性别差异外，这两个火塘的用途也大不一样。“我们哈尼族，前门后门都要楼梯，一栋房子只有一道门一把楼梯是不行的，而且我们房屋内的居住区域也区分男女。以前是直接在火塘两边各安置一张床，男女分睡，现在建成了框架结构的房子，男女分居的建筑形制也还存在，只不过在年轻一代中，这种分居观念已经逐渐减淡；家里来人来客，也是安排在男方区域住，女方区域则不能安排外人入住。”

即便是在今天更换了五代房屋的老班章村，村民家中也依旧会专门留出一处区域作为生火的地方。新房建成后，火塘区域的启用还需要请主人家姑姑级别的人物来完成，具体做法是：姑姑从屋外背上一筐土倒置在新房预留的火炕处，用作生火的土基，火塘里的火升起来，也就代表着香火的延续与习俗的承接。

老黄片：最割舍不掉的味觉记忆

火，对于哈尼族人来说不仅意味着习俗承接，更重要的是文化的传承。

火塘里，
有永不熄灭的火焰和老班章茶最初的味道

完成烹煮任务后，为了不让冒着热气的柴火闲置，老班章人通常会再在三脚架上放一个盛满水的茶壶，水开，从竹篓里抓一把老黄片置入，任其翻滚沸腾。酒足饭饱后，围坐火塘边，捧起一杯甘甜的浓茶，忆从前。

老黄片，其实是普洱茶行业的黑话，指的是在毛料筛选过程中，一些比较粗老、疏松的叶子，颜色呈黄绿色，有的偏黑。现在很多人想喝到名山古寨纯料的口感，就从黄片上找，从价格上来说也相对实惠。

旧风俗

在老一辈老班章人看来，喝老黄片，最关键的是一定要用沸水，泡的时间一定要够，否则滋味就不能够充分得以展现。用茶壶烹煮，是喝老班章黄片的最佳方式，在慢火、长时间的滋养下，水与茶的碰撞会让你感受到意想不到的味觉惊喜。

如果说茶壶煮黄片是老班章人传统的饮茶方式，那么盖碗泡茶则是在老班章茶叶价格涨起来后才慢慢有的。在村民二土的记忆中，老班章村盖碗泡茶技法的兴起，大概是在 2008 年。那一年，陈升茶业进驻老班章村建立基地，和村民签订茶叶收购协议，与此同时，他们还带来了制茶规范与泡茶方法。“他们向每家每户免费发放盖碗茶具，也顺带教我们怎么使用。大家耳濡目染，慢慢地就都学会了。不过，我觉得当年有 80% 的人应该都是自己摸索出来的使用方法，我就是。”二土笑言。

使用盖碗最直接的改变是可以闻到茶的香气。“没有使用盖碗之前，我都不知道我们老班章茶还可以泡得这么好喝，但也是自从知道老班章茶好喝、卖得上价后，我就舍不得喝了，可以卖钱的(茶)就都拿去卖钱。以前，我们自家舍得喝的都是从可以卖的好茶里拣出来的卖相不好的老黄片；现在有钱了，好喝的东西自己先喝完了再说。”

如今，老班章人不再为生计犯愁，吃食也丰富多样，但那壶常年煨在火塘上的老黄片茶，依旧是老班章人最割舍不掉的味觉记忆。

“火塘味”：班章茶本味吗

“它既温柔又会折磨人。它既能烹调又能造成毁灭性的灾难。它给乖乖地坐在炉边的孩子带来欢乐，它又惩罚玩弄火苗的不规矩的人。它是安乐，它是敬重。这是一位守护神，又是一位令人畏惧的神，它既好又坏。”这是加斯东·巴什拉在《火的精神分析》一书里对火做的描述。“它（火）既好又坏”，现实中也确实是这样。

火塘是哈尼族生产生活的中心。在茶叶卖不上价的年代，老班章村村民炒制茶叶都是在家中火塘上完成的。受制于加工条件有限，村民几乎都是用炒菜锅大小的普通铁锅炒茶，且火塘是敞开式结构，炒茶的时候柴火燃烧产生的烟气自然往锅里灌，而茶又比较容易吸收异味，所以，说不定你曾喝过的那一口带烟香味的老班章茶就是在火塘上炒制出来的。

“以前我们炒茶没现在那么讲究，炒茶锅的大小、薄厚度、炒茶时长和鲜叶投掷量都没有特定的标准，全凭感觉和经验去操作。”回忆起小时候的炒茶过程，老班章茶王树家大女儿二灯，皱起眉，瘪着嘴摇了摇头说：“那个时候炒茶太受罪了，烧柴的烟熏得眼睛直淌眼泪。”二灯回忆，小时候家里炒茶会在火塘三脚支架上放上一口锅（只要不是炒菜锅就行），往里倒上当天采回的茶叶就开始炒制，待茶叶炒透、手感热度均匀时，就可以取出摊开干燥。

由于没有专用的晒青大棚，雨季天，二灯家还会把茶叶分装在簸箕里，围放在火塘边，借助炭火温度和烟雾熏干。另外，山里湿度大，即便是在太阳下晾晒干的毛茶，也还得收到家中火塘上吊着的藤篓上储存。“烟味就是这样形成的。茶叶卖得上价以后，有条件的人家买了烘干机，不再放在火塘边烤了。”

茶叶带烟味，有人喜欢，也有人不接受。有人笑言，早年让广东商人念念不忘的老班章“火塘味”，或许就是烟熏味。而这种烟熏味随着制茶工艺的规范升级已经逐渐消失，老班章茶原本的滋味也释放了出来，为众人所知。

火塘里，
有永不熄灭的火焰和老班章茶最初的味道

用柴火燃着柴火，火塘就温暖了家庭。如果去追寻哈尼火塘的更深层次解读，你会惊奇地发现，其实哈尼人的火塘奥秘无穷无尽，它最深层的核心内涵是，对生命的崇拜。这“生命”既是整个民族的生命、血缘家族的生命，又是个人和每个单一小家庭的生命，以及与之相联系的各种生命的延续。火塘上的那壶老班章茶，就是其中一种生命的延续。

旧风俗

在火塘上烤辣椒

火塘里，受热膨胀的糍粑

老班章人的喜好，小卖部老板娘全知道

旧风俗

老班章村一共有两个小卖部、两家餐馆，它们位于村头的一块平地上，与村公所仅相距50米，算得上是全村人共同的休闲娱乐场所。由于地理位置占尽优势，因此这四间商铺也成了外地务工者眼中的一块香饽饽。

抽签决定铺面经营权

“（数量）不能多也不能少，这是村里的规定。”曾担任过老班章村村主任的李政明对村内设施建设再熟悉不过，据他所说，村里小卖部和餐馆经营权，每五年招一次标，租金年付，4万元/年，如果遇上多个承包人争夺一间铺面的经营权，就由抽签来决定最后交给谁经营。

有细心的来客发现，从2015年到2019年，老班章小卖部可乐的价格连年下降。“2015年我来老班章村的时候，一瓶可乐的价格是8元，2018年的时候，一瓶可乐卖5元，到了2019年，一瓶可乐的价格是3元。”普洱茶山黑话的负责人小黑觉得，可乐的价格变化，恰恰说明了供需关系以及价格调整供需结构的经济学规律。

不过，从购买经验上看，老班章村餐馆、小卖部里的商品售价并不便宜：一盘牛肉末炒饭售价为30元；早餐铺里售价10元/

碗的米线虽说是从勐腊县专门运来的，但外地小伙伴对口味不是那么满意……与大多数农村一样，老班章小卖部货架上依旧有仿冒货的身影。比如，同样叫“奥利奥”的饼干，价格要比市面价高出2元，吃起来口感和滋味也完全不同。

年轻人最爱乐堡啤酒、中华烟

在勐海县一带，经营小卖部的多是湖南人。老班章村小卖部的经营者中，也少不了湖南人的参与，伍海华（伍姐）一家是2017年经亲戚介绍来到老班章村的，在此扎根开店卖货已有两年了。老班章村人的喜好，没有人比她更清楚。

“老班章有钱的人喜欢抽大重九，其次是和谐、软珍；（外来）打工人最喜欢抽的是紫云烟和每包售价11元的‘88’，‘88’便宜，很受打工人喜欢，我这里现在已经卖光了。”在老板娘伍姐的印象中，45元/包的中华烟（10支装）和100元/包的大重九（20支装），尤为受老班章年轻群体的青睐。

啤酒，老班章人喜欢喝乐堡、百威和哈啤三个品牌，而年轻人尤为喜欢乐堡啤酒，因为乐堡独特的瓶盖可以拉开即饮。“老班章人买啤酒都是成件购买，他们不会一瓶一瓶地买。百威是110元/件，一件有24瓶，其他品牌的啤酒价格也差不多。”伍姐说，平日喜欢聚拢坐在小卖部门前喝酒的人分为两种：早上和中午喝酒的一般是闲暇的本村人，晚上喝的则是结束一天辛苦工作的外来务工者。

老年人最爱买胶鞋、电动车

对于如今富裕的老班章村村民来说，购买一双高档皮鞋已不再需要斟酌，但在日常生活中，他们拥有最多、穿得最频繁的却是军绿色的农用胶鞋和黑布鞋。老班章村的两个小卖部内，农用胶鞋和布鞋是最畅销的商品，老板

老班章人的喜好，小卖部老板娘全知道

舍得用整整一排货架来陈列它们。在这里，农用胶鞋根据品质不同，分为 20 元 / 双和 25 元 / 双的，黑布鞋则为 15 元 / 双，春茶季尤为热销，据小卖部老板娘伍姐说，她每月能卖出 100 双左右，“春茶季茶商很多，他们跑茶山就需要换上胶鞋、布鞋，好走”。

“布鞋透气，便宜，十多块钱一双，穿几次扔了也不心疼。”从勐海一路开货车到老班章村售卖电动车和摩托车的小哥——徐巾朗、马云宏两人，也爱穿军绿色胶鞋和黑布鞋，“这样的鞋我们车里穿旧的有五六双了。”两人告诉我们。6 月 23 日下午，为与老板娘打好关系，方便在小卖部门前做电动车销售生意，他们每人在小卖部又各买了一双新布鞋。

旧风俗

“以前是用户上门找我们买，现在是我们主动上门找用户卖。”对于马云宏来说，卖货就是饭碗，在他看来，近些年在勐海靠茶叶富裕起来的农村人值得关注，“特别是老年群体，他们的消费能力不可小觑。”马云宏说。马云宏转变观念做电动车生意已近三年，期间很少为销售操心，他说：“这个村不好卖，说不准到下个村就全部卖光了。干我们这行，运气很重要。”马云宏团队几乎每个月都会来一次老班章村，每次在村内驻扎两天，运气好的时候，他和同伴一次能卖出十多台售价为 3000 ~ 5000 元的电动车或轻便摩托车。“电动车一般是老年人买的多，年轻人更青睐摩托车和赛车。”由于来的频次有限，马云宏还接受客户电话预订车辆，定期送货上门。

——

通过马云宏销售团队几年的努力，现在老班章人家中几乎每户都拥有一辆电动车。“今年最流行的是三个轮子的小型电动车，但因为这种款式体积大，运输不便，我们一般只在客户预订后才运货到村。”

野菜：苦果

食在老班章：吃到鸡肉稀饭代表你被主人家接受

旧风俗

我们在老班章第一次吃鸡肉稀饭是在和森家。这锅冒着热气、醇香、糯软的鸡肉稀饭是和森花了一个下午才熬好的，配上当天下午和森妈妈在地里现挖的野菜，那滋味香得竟然让一个减肥期不吃米饭的女生连吃三大碗还停不下来。

实际上，在老班章村吃一顿自家烹制的饭并不容易，因为他们实在太忙了，没有一点儿情感维系或酒量你没法在村民家蹭饭。和森家的这顿晚饭是我们和他相处了三天后才吃到的。“远方的客人到家，鸡肉稀饭少不了，而且，鸡头要留给最尊贵的那位客人。”和森说。老班章的家常菜多且杂，如果非要说特色菜是什么，那就只能以村里婚丧嫁娶、大规模宴客时不能少的菜举例了。“鸡肉稀饭、猪肉稀饭、芭蕉心泡菜、春苦番茄（蘸水），这几道菜是不能少的。”

平常时候杀的猪，煮不煮稀饭吃倒是没有硬性要求，但是只要是做礼时杀的猪，就必须用来煮猪肉稀饭吃”。说到做法，和森撸撸袖子开始向我们演示起来：“先把肉放在锅里炒到水分即将干，肉八成熟时，再加入水和米烹煮成粥。”

而芭蕉心泡菜则是剥取芭蕉杆里最嫩的一截，切细腌制一到两天，等它发酵酸了就可以舀出作为下饭的咸菜食用。

在老班章，除了鸡肉稀饭、猪肉稀饭外，最具特色的当属蘸水。

“我们常吃的是花生蘸水、番茄蘸水和喃咪蘸水。”和森说。花生蘸水主要由烤香的红皮花生（舂碎）、大韭菜、盐和开水调制成，可以用来蘸食煮熟的苦果、无花果、竹笋、新鲜的水芹菜、蒿头等山野小菜，起到提香的作用；番茄蘸水用的主料是小个头的大树番茄，把它和大蒜、干辣椒一起放到火塘灰里烤熟、烤香后取出，树番茄剥皮，混合烤香后的大蒜、干辣椒和切细的新鲜芫荽、大韭菜等一起舂碎，“生的佐料就靠烤熟还带着余温的树番茄来调和温度，佐料全部是熟的也不好吃，要生、熟混合才好”。而喃咪蘸水是用青菜花（连带花和枝干）泡酸后的水和烤熟捣碎后的生糯米煮成黏稠的酱料后，再与舂碎的大蒜、干辣椒、韭菜根拌匀就制作好了。

老班章人还爱吃鱼，也因如此，几乎家家户户都有一个小鱼塘，以满足一年四季都有鱼吃。要是鱼不够了，他们又会花费万元购买成鱼放入自家鱼塘。要吃鱼，当然得自己钓才有乐趣，和森一般早上 7 点多就会去茶地里工作，中午回家时，他的电动摩托前箩筐里通常会放着两条巴掌大小的鱼，作为午餐再美不过。

对于村头餐馆里每盘售价从 50 元涨到 120 元的特色菜——茶叶煎蛋，老班章村村民听到大多会摇头，并不认可它的存在。“以前我们是不会拿茶叶炒蛋吃的，只是最近几年外来客多了，才开始流行这样吃。”

“哈尼风味的特点是由地域决定的，其居住的环境决定了饮食与饮食结构，居住于高山峡谷地区的哈尼族，因气候寒冷，喜酸、辣、苦(凉)，按中医理论理解，三者皆可帮助开胃化食，消暑解毒杀菌，对中和体内酸碱度起到了良好的作用。”（引自《西双版纳哈尼族简史》 杨忠明 著）从以上可见，老班章的“特色菜”“风味菜”并不是珍贵无比的菜肴，也没有珍禽异兽的肉食，相比城市里的宴席，并不豪华。从外表上看，也仅仅是家常便饭，但在风味中很多菜肴却都是药膳，既可以果腹充饥，又可以防病治病。

哈尼族节日：从过12个到只过5个

旧风俗

早年，在老班章居住的哈尼族一年一共过12个节日，平均起来，差不多就是每月过一个。如今，随着时代发展与老班章人观念的改变，节日缩减到了5个，分别是：彩蛋节、龙巴门、供土地节、打秋千、嘎汤帕。

这些节日的主要内容是祭奠诸神（天神、地神、山神、家神、祖宗等），其次才是探亲访友、欢聚游乐。老班章村村民李政明说，这些节日都包含“祭奠”“奉献”“祈祷”“祝愿”的意思，过这5个节日期间，既要做礼、唱歌、跳舞，也有供奉祈福活动，而其他（未保留下来的）节日则不需要全部程序都做。

除了观念的改变外，老班章哈尼族节日从12个缩减到5个，还受到“过节太浪费时间”的影响。“我们哈尼族有个约定俗成的规定，凡是在过节期间都不外出干活。以前（茶叶不值钱的时候），大家没有事情做，只要龙巴头一召集，村民就能聚集起来一起过节；但现在时间宝贵，大家都往外跑（做生意），能召集起来的人不多，而且，现在很多小孩在外读书，不方便长时间、频繁地参与过节（过节期间不能出寨子），所以，渐渐地节日就缩减到了现在的5个。”和森说。

彩蛋节：每年2～3月择吉日过节，持续3天。

节日寓意：春季和雨季来临后，要赶快开始种植物了。之所以称它为“彩蛋节”，是因为鸡蛋煮熟后，需要用颜色各异的蔬菜给它染色，比如，南瓜（黄色）、红瓜（红色）。

龙巴门：每年 4 ~ 5 月择吉日过节，只过 1 天。

节日寓意：从头一年的龙巴门节过完之后一直持续到今年的龙巴门节，这一年间，把发生的所有不好、不顺的事情全部都消除掉，祈祷寨子里的人在新的这一年中都能安定、顺利和健康地度过。

供土地节：每年 6 ~ 7 月择吉日过节，只过 1 天。

节日寓意：土地上栽种、生长的所有东西，我们哈尼族人都不会去破坏，我们在这片土地上与你们（土地神）共存，栽种、长成的果实也会与你们分享。

这一天，老班章村村民会带上所有在自家土地上生长、栽种的东西拿到供点供奉，供奉的物品除常见的瓜果蔬菜外，还包括每户村民所拥有的每一块土地里的土，以及一点儿钱。比如，李政明家一共有 64 块地，他就得从这 64 块地中，每一块都代表性地取一点儿土，在供土地节这天拿去特定的位置供奉。这个特定的供奉位置位于陈升茶厂附近的一棵树那儿。

村民李学忠讲述，这棵被奉为“神树”的树很特别，平时，村民不能随意动它，包括叶子也不能动。“龙巴头不批准，不准动。但神树可以根据实际情况来选择，现在的这棵树树龄有 20 年左右，是龙巴头选择的，叫阔连（音译）。”

此外，上供时，村里还需要组织人在现场杀一头公猪、一只母鸡，煮熟后的猪和鸡要由全村的男人当场就地吃完，即便吃不完，这肉也不能再拿回家。而村民们供奉时放的钱，则可以由龙巴头带走使用。

打秋千：每年 7 ~ 8 月择吉日过节，持续 5 天（一般是选取 7 月最后的属牛的那天过节）。

哈尼族节日：
从过 12 个到只过 5 个

节日寓意：传说，以前哈尼族的祖宗规定，赶在谷花即将开放之前，全村人都需要停下手头工作，全部去稻田里除虫，寓意“谷子不被虫吃，当年能有好的收成”；后来，稻谷上的虫害减少，不再需要人工除虫，打秋千也就单纯地成了哈尼族人欢聚游乐的一个节日。这也是哈尼族在雨水季节的一个代表性节日。

旧风俗

李政明告诉我们，打秋千节以前要过 15 天。传说，当年有一个土司头人，他为了阻断其他农民的活路、扩大自己的权力，就规定打秋千节要过 15 天。最初，土司头人心里合计的是，如果将节日时间拉长，一些穷人就会因为欢度节日而吃空自己的存粮，最后这些人只得一个个饿死，只留下他还活着，一家独大。但土司头人没有想到的是，最后那些穷人因为没有吃的，只能跑去他家蹭吃蹭喝，反倒把他家给吃穷了，土司头人最后只得将 15 天节日缩减为 5 天。

嘎汤帕：每年 1 月 1 日开始过，持续 5 天，隆重程度相当于汉族过的春节。

节日寓意：用以记“年”。

哈尼族孩子在节日里荡秋千

婚礼用茶：茶与人同在

旧风俗

黑色打底的帽檐上嵌着规则排列的银饰，一个个若指甲盖大小，它们随着步伐移动来回摇摆，在阳光下闪着粼粼的光；银饰空隙间缝制上彩色毛线小球，喜庆又不张扬；特地收集的动物白绒毛被染成彩色，合成小撮绑在帽子各面显著位置；由毫米大小串珠串成的饰品长长地垂落，或藏于耳后，晃晃荡荡。

身着嫁衣的布朗族姑娘李艳红满脸羞涩，6 月 21 日下午两点半，在格朗和娘家送亲队伍护送下，她与夫家迎亲队伍在老班章村村头两米多高的木制寨门前相聚。“碰面”后，夫家女性长辈先往寨门正中放置一节小藤椅，引导新娘坐下，再双手递送上一个盛着食物的小饭箩给新娘吃上几口饭。简单吃过后，夫家长辈还要用准备好的旧衣把新娘身上新衣换下，精美的头饰也被换成一块遮得住头发的长黑布和一顶光秃秃的草帽……除去新衣换旧衣外，新娘还得象征性地“牺牲”一小撮头发，并用上衣兜住，跨入老班章寨门的礼节才算是告一段落。“进了这道门，吃了这碗饭，穿上我们的衣服，你就是我们家（村）的人了。”

新娘被接到夫家后，还有一系列烦琐仪式要举行。目的是使新娘通过一定的仪式，从此让自己成为另一个家庭里的正式成员，在这个家庭里自己有了新的义务和权利。

……

这只是老班章村无数婚礼中的一场。老班章村婚礼中的意味，远比你想的要绵长。

在举行重大活动时，哈尼族离不开茶，可以说茶与人同在，茶与神同存，祭祀祖宗、过年过节要用茶；上新房、办丧事要用茶；结婚仪式也要用茶。

6 月 21 日，在新郎春平和新娘李艳红的婚宴上，中午新人亲戚吃饭做礼时，第一轮就是先各往客人桌前小碗里倒一杯茶。之后，新郎手抓一小坨糯米饭，分别往盛有茶水、酒、鸡肉、猪肉、沾水的碗里取三次后混合吃下，同样动作重复一遍后，将食物捧给新娘吃，礼完，客人就可以端起小碗喝茶了。

时间再往前推，你会发现，老班章村无论是在丧葬还是结婚时，都有很多有特色的民俗讲究。其中，婚礼中比较特别一个环节是在女方进男方家门后，上楼梯时得先洗个脚，上楼后，新人换上新衣，长辈安排双方头顶黑布，光着脚（与天地相接，让祖宗见证你们的结合），双手往后背，背对背坐下，然后在男方手心放一个煮熟的鸡蛋，环体绕圈后再交换给女方绕，寓意是，一辈子都不能分开。

鸡蛋在双方交换环绕四圈后，交由长辈敲碎蛋壳，混着糯米饭搓成小坨给新人吃（也叫“同心饭”），剩下的再分给夫家亲戚吃，意思是：“我们认识你了，我们接受你了。”这道流程结束后，还要杀一只最好的公鸡（公鸡脚上不能长鸡毛，脚趾不能断），鸡煮熟成鸡肉稀饭新人和亲戚吃过后，就要开始杀猪了（结婚只能杀公猪，不能杀母猪）。

晚上 7 点才是真正宴请来宾的时间。开餐前，主人家必须要给媒人餐位前放（送）至少三公斤肉，这肉的位置必须是猪前肢的肘子部位。而猪前肢一共有两个肘子，一个送给了媒人，另一个则要留给刚结婚的这对新人（这肘子也至少三公斤重）。有意思的是，老班章哈尼族在新人结婚时有一个习俗，就是规定新郎新娘要在结婚的两天内，必须得合力吃完一只猪肘子。

两人两天吃三公斤肉，嫌腻？那就喝老班章茶解腻吧。

新郎手抓一小坨糯米饭，分别往盛有茶水、酒、鸡肉、猪肉、沾水的碗里取三次后混合吃下

新娘过寨门前，长辈为她换下新衣

生死茶客：老班章丧葬用茶

旧风俗

茶叶，也在老班章村丧葬活动中扮演了重要的角色。

参加葬礼时，来客需要带一个生鸡蛋和一小包茶叶送给亡者家属。茶叶要用芭蕉叶包裹好，包裹的顺序也很讲究，要与日常顺序相反：芭蕉叶先从叶子下部（宽的那端）往上折叠，然后再从上往下折叠。外人不能随便参加葬礼。如果参加葬礼的人家中有正在接待的客人，就需要替客人多随一个生鸡蛋作为随礼，但帮外来客人随的鸡蛋要与受邀参加葬礼的人随的鸡蛋分开放。

亡者家属（一般是姑妈）会在亲戚送葬回来前，在家把鸡蛋煮好，其中，外来客人随的鸡蛋在煮好后要把蛋壳敲碎，意思是给亡者吃；而亲戚朋友送的鸡蛋煮好后要保持完整，待参加送葬者回到亡者家时，主人家要把煮好的鸡蛋分发给每一个参与者吃。在外出送葬的这个过程中，姑妈等人还会将来客送的小包茶叶拆开集中放在一个簸箕里。

鸡在哈尼族人的生产生活中占有很
重要的位置

后记

从茶园到一杯茶，每一片老班章叶片走了近500年。

从老班章的陌异人到熟知并喜欢上这座村子，我们团队走了近一年。贡叶老班章的基地，也在这一年间完成改造，准备迎接更多远方的客人。

这本书的名字叫《新茶路：普洱茶老班章》，茶路“新”在哪里呢？

茶山致富故事并不鲜见，我们试图讲述和探索一些新的故事，发现茶农和茶之间更加丰富的关系。在书里我们关注的不仅是老班章茶叶的爆红，还追根溯源爆红背后的滋味与民族的关系：因为有了哈尼族的漫长迁徙史，才带来了老班章茶叶滋味的丰富；我们想通过这本书告诉外界这座哈尼族村寨更加真实立体的一面：极速而巨大的财富冲击之下，古老土地上的居民如何应对？有人修建新房执意要保留火塘，有人悉心照料古茶园这样古老的民族遗产，有人忧愁如何更好地发展自己的茶叶品牌，有人则守着自家的一亩三分田过小日子。

老班章作为普洱茶的超级符号，老班章村人作为新一代茶农的代表，其实他们和这个时代每个认真生活的人一样，明白富裕一时靠茶叶，繁荣一世则要靠辛勤劳动和世代的文化坚守。

持续冲击之下，那些亘古不变的，将沉淀为这个时代的文化印记，持续流转。

如此收获满满的一条路，如果没有一路帮助我们的前辈、朋友、热心的村民，都将无法完成。

贡叶老班章的马林彬小马哥，是他做我们的引路人，带领我们走进一户户人家。李红文厂长用他最朴实的语言讲述了老茶人对制茶的理解。厂里的各位工作人员则热心地为我们展示茶叶的初制过程，为我们准备美味的食物。贡叶的老班章茶，伴随着我们度过了无数个静谧的夜晚。

和森家是我们拜访最多的一户人家，他为我们讲述老班章哈尼族几大家族的迁徙史、茶叶价格的快速变化，还带领我们去他的秘密基地喝竹筒烤茶，李隆达带着专业视角为我们讲述老班章的品种，他的女儿森兰慷慨地寄给我们品尝老班章红茶、白茶，还有松培、香哥的热情款待，我们忘不了和森家的鸡稀饭和茶酒。

李政民讲述了许多老班章哈尼族的旧风俗、村规民约，他对茶园的细心观察对我们启发良多。表哥二土的创业故事则代表了年轻一辈老班章人的熊熊斗志。现任村主任门车，他大方地开放了自家老宅数据给我们，这是唯一也是最后一座拥有详细数据的老班章木屋。李艳红热情地欢迎我们参加她的婚礼，我们得以体验到真实的哈尼族婚礼。

还有杨小英、李开荣、兰光平夫妇、李学忠、李海荣、杨红忠、二灯等老班章村民，他们慷慨地接受我们的采访，是他们让老班章的小日子无比鲜活。小卖部的伍姐、转山销售的徐巾朗、马云宏，用他们独特的视角展现了老班章的急速变化。

当然还不能忘了老班章的老邻居们，新班章的杨春平、李永昌、忠小英，老曼峨的阿辉，坝卡囡的扎拉、扎朵，坝卡竜的阿德，没有他们的帮助我们无法在短时间内深入布朗山。

第一次去老班章村时，陌生和隔离感萦绕在心中。随着深入的时间加长，我们也适应了这座寨子的节奏，学会了和当地人一样生活：早出晚归，不是在茶园，就是在农田。饭要在火塘边吃才香，茶要在火塘上煮才甜。在寨子里偶尔碰见熟人，对方停下并邀请我们去他家吃饭喝茶时，那一刻无比温暖。

这条“新茶路”将通向哪里？

村民家的杀青设备正迎来新的一轮更新，从烧薪柴变为更为环保的天然气杀青锅。为了更好地保护古茶树，茶王地栈道于 2020 年 12 月开始施工。守护与传承老班章古老自然与文明遗产的使命，贡叶老班章将和村民们一同肩负。

青山绿水，才是老班章的自然真味。

ease